智能制造时代下的 班组管理

主　　编　沙　健　赵亚斌

副 主 编　高建军　朱励光　张　瑞

编写人员（以姓氏笔画为序）

王　卫　伍　鹏　刘伟伟

朱亚斌　李　鸣　沙　健

张　瑞　赵亚斌　袁启刚

殷兰波　高建军

中国科学技术大学出版社

内 容 简 介

本书以精益生产的核心理念“降本增效，持续改善，以客户为中心”为指导，全面介绍了智能制造时代下的班组管理。本书共分三章，分别为智能制造时代下的班组、智能制造时代下的班组现场管理、智能制造时代下的班组管理能力提升。

本书可作为智能制造时代下工段长、班组长、调度员以及后备班组长的培训教材，也可供相关人员参考。

图书在版编目(CIP)数据

智能制造时代下的班组管理/沙健，赵亚斌主编. —合肥：中国科学技术大学出版社，2021.10

ISBN 978-7-312-05306-1

Ⅰ. 智… Ⅱ. ①沙… ②赵… Ⅲ. 智能制造系统—班组管理 Ⅳ. ①TH166 ②F406.6

中国版本图书馆 CIP 数据核字(2021)第 183980 号

智能制造时代下的班组管理

ZHINENG ZHIZAO SHIDAI XIA DE BANZU GUANLI

出版 中国科学技术大学出版社
安徽省合肥市金寨路 96 号，230026
http://press.ustc.edu.cn
https://zgkxjsdxcbs.tmall.com

印刷 安徽国文彩印有限公司

发行 中国科学技术大学出版社

经销 全国新华书店

开本 710 mm×1000 mm 1/16

印张 10.75

字数 211 千

版次 2021 年 10 月第 1 版

印次 2021 年 10 月第 1 次印刷

定价 46.00 元

前　言

21 世纪以来，全球出现了以物联网、云计算、大数据、移动互联网等为代表的新一轮技术创新浪潮。这一轮技术创新浪潮的代表性应用就是智能制造，智能制造是制造技术与数字技术、智能技术及新一代信息技术的融合，是面向产品全生命周期的具有信息感知、优化决策、执行控制功能的制造系统，旨在高效、优质、柔性、清洁、安全、敏捷地制造产品和服务用户。

在此背景下，智能制造成为中国制造业的主攻方向，中国制造业着力于强化智能制造基础能力，研发关键智能技术装备，形成智能制造新模式，促进传统制造业转型升级，加速形成制造业竞争新优势，为实现制造强国目标而努力。

制造企业的一线管理人员大多是从生产一线优秀工人中提拔上来的，他们对产品工艺流程及产品加工要求十分熟悉，对于传统的制造班组管理也有成熟的、可获取的经验，但是面对智能制造时代下新的挑战，他们的能力提升已迫在眉睫。企业基础的班组管理需要跟上新的时代要求。学习了解新的管理方法，才能适应中国智能制造快速发展的需要。本书以汽车制造行业和电子制造行业的企业班组长能力提升为基础，结合编者多年对智能制造管理的实践经验、企业一线班组长管理的培训教学经验整理而成。本书内容共分三章，分别为智能制造时代下的班组、智能制造时代下的班组现场管理、智能制造时代下的班组管理能力提升。本书以精益管理为核心思想，为当下的智能制造班组管理的定义作了新的阐述，同时对智能制造时代班组长岗位提出了新的要求，可作为智能制造时代下工段长、班组长、调度员以及后备班组长的培训教材。

本书由沙健、赵亚斌担任主编，高建军、朱励光、张瑞担任副主编，具体分工如下:赵亚斌、袁启刚编写第一章,高建军、王卫编写第二章第一节至第三节及第五节、第六节,李鸣编写第二章第四节,朱励光、张瑞编写第三章,其他参与编写讨论的人员有伍鹏、刘伟伟、殷兰波等。编者在编写过程中参考了当前国内外期刊、书籍、报纸及网站资料,在此向相关资料的作者表示感谢。

本书是全体编写人员对新制造时代下班组管理教材创新与建设的一次尝试,由于编写时间仓促,书中难免有不妥之处,敬请各位读者提出宝贵意见。

沙 健

目　　录

第一章　智能制造时代下的班组

第一节　智能制造时代下的班组画像

一、智能制造时代下班组的新定义

（一）班组的新定义

班组是企业活动中最基本的作业单位，是企业内部最基层的劳动和管理组织。在很多企业中，班组也作为“最小行政单元”来划分企业组织结构。在企业管理中，班组可以称为“企业的细胞”，是生产型企业的基础，同时也是企业物质文明和精神文明建设的落脚点。

随着科技的进步和生产技术的革新，我们迎来了智能制造的浪潮。在智能制造的时代背景下，自动化设备、信息化手段不断丰富着我们的生产方式，同时也带来了很多机遇和挑战。相较于过去，班组的职责范围已经从简单的机械重复性劳动慢慢地向复杂的综合性生产转变。这势必影响企业、管理者、从业者及社会对班组的认知。大众期待的智能制造时代下的班组已经从“能干活”向“会干活、想干活”的方向发展，班组的贡献在智能制造的技术背景下已经从“劳动密集型”向“技术密集型”转变。随着班组的人均产值不断提高，班组的能力体现也日益提高，班组管理也日益精细。优秀的班组在今天应该具备良好的专业技术能力、优秀的管理方式、与时俱进的学习能力和良好的主观能动性。这样的班组才能够有力地执行企业的战略方针，实现持续而稳定的发展。

因此，在智能制造时代背景下，班组在普遍的意义下虽仍是最基层的劳动管理组织，却被赋予了很多新的要求和期望。

本书对智能制造时代下班组的新定义为：具备现代管理能力、掌握先进生产技术和学习能力、能够自主解决现场问题的自我驱动型的企业基层执行组织。

（二）班组的作用

在企业构架中，班组属于底部的操作层（图 1.1）。若把企业比喻为一辆不断前行的汽车，那么大大小小的班组就构成了这辆汽车的底盘。这底盘上每一个细节，都彰显着企业的能力。前路固然光明，若没有一个扎实的底盘，这辆前进的汽车也不会有惊人的速度，更有可能会“半路抛锚”。因此，班组对于企业来说，正是其快速持续发展的基础。良好的班组，能为企业的发展保驾护航；扎实的班组，是企业这个巨型金字塔的基础层。

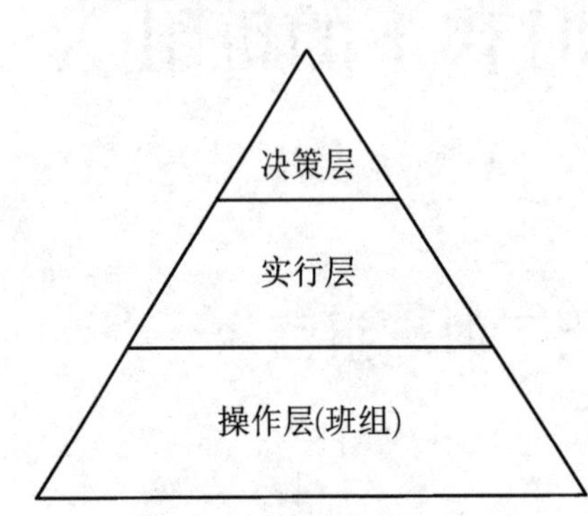

图 1.1　企业金字塔构成

总而言之，班组是企业发展战略中的承载部分，其能力决定了企业战略执行的深度和企业的核心竞争力。在企业活动中，班组是职工从事劳动、创造财富的直接场所，也是企业生产线中环环相扣的不可或缺的一环。因此，班组对于企业的重要性不言而喻，主要体现为以下几点：

① 班组是企业发展壮大的主要载体，是企业业务的落脚点。不论是生产型企业还是服务型企业，班组的业务水平都直接决定了产品和服务在向市场推进过程中的质量。班组指标完成得好坏和管理水平的高低，直接关系着企业总体指标的完成程度的高低。

② 班组是企业孕育和培养技术、业务人才及管理人才的基地和摇篮，是职工实现价值的基本舞台。任何企业都离不开技术及业务的范畴。班组所承载的核心正是这些技术和业务的输出点。各种各样的人才在班组进行业务活动的时候，都会发挥自己的优势和作用。良好的班组建设能够充分发挥各类人才的作用，合力解决业务过程中的问题和困难，促进企业向良好的方向发展。

③ 班组是企业核心竞争力的体现。企业的技术优势、业务优势都需要转换成产品和服务向客户展示。在转化中非常重要的一环往往是班组的工作。不论是标准化的流水作业，还是定制化的客户服务，班组的操作水平往往决定着企业产品、服务的最终质量。班组是生产、业务一线的最基层单位，是企业发展过程中的关键和潜力所在。因此，班组是企业核心竞争力中一个非常重要的因素。

④ 班组是企业管理、企业文化的基础。班组的建设程度和人员的整体素质水平体现了企业整体管理工作的精细程度和专业化程度。企业各种流程、标准以及制度，最容易在班组活动中体现出其优势或劣势。一个企业的文化建设好坏最直接的体现就是班组对于企业文化的认知水平高低。优秀的企业文化离不开企业底

层组织的文化建设，大多数企业致力于打造一个具有活力、自主管理能力、创新能力和学习能力的团队，这与班组的整体建设是绝对分不开的。

二、智能制造时代下的班组与传统班组的区别

（一）班组构成的区别

如前所述，班组被赋予了越来越多的期待，也被赋予了更多的功能。因此，班组不再像过去一样由师徒制、单一工种、单一专业等传统方式组成。多元的工作内容势必需要更多元的班组构成来完成班组的构建。

从工作结构上看，班组的变化趋势可以总结为以下三点：

（1）职能结构区域化

现代企业为实现高效化，普遍采用了多能工和区域工的形式，基层班组职责得到加强，工作内容更为复杂。如许多企业采取区域化管理模式，将原来专业性班组转变为生产区域班组。

（2）普遍重心下移，基层管理权责加重

随着新的管理模式的引进，一些新的管理架构在基层也呈多元化。如大企业目前常用的作业长制，仪器仪表行业的线长制或系长制，这些最为典型。

（3）柔性班组出现

有的企业为提高市场竞争力，降低成本，而采用临时用工制，有的则进一步简政放权，把用工权交予基层组织，使得一些项目经理、门店经理有了更大的自主权。他们可根据工作量和任务量及时调整组织规模、组织结构，以适应市场需求变化。

（二）活动内容的区别

班组的活动内容在过去往往都是被动地进行的，工作内容重复，工序简单。同时，由于在传统生产企业中，存在着大量库存积压的现象，班组的活动存在着很多“冰山下”的不可见部分，极大影响着企业的各项工作效率。因此，传统班组管理更注重短期能否完成当日工作任务、是否能够完成指标、监管是否到位等问题。这导致企业无形中增加了很多隐性管理成本。

随着智能制造技术的引入，精益生产、信息化系统、流程管理慢慢地融入到生产管理中来，企业对于班组的活动内容有了新的了解窗口。班组为适应企业的发展，也开始主动或被动地改变自己的活动内容和方式。活动内容的透明刺激着班组进行必要的改变，也提供了更多的展现班组价值的舞台。随着生产技术的不断发展和生产速度的加快，现场问题的发现和解决已经不能单纯地依靠技术部门。班组构成的多元化提供了解决这些问题的基本条件。班组在生产过程中的角色随

着自身信息愈加透明、各项传统问题逐步得到解决慢慢地被企业管理者、班组自身所重视。总的来说，班组已经从过去的被动执行命令的角色向主动为企业做贡献的角色过渡。

我们对班组的活动内容进行了总结，如表 1.1 所示。

表 1.1 智能制造时代下班组与传统班组活动内容和方式的比较

智能制造时代下的班组	传统班组
开发任务	完成任务
大量信息处理	少量信息处理
专业多元化	专业单一
关注人员与流程	关注系统(规则)
更新流程	管理系统(规则)
依靠信任	依靠监督
着眼于长期(流程)	着眼于短期(KPI)
注重改进	关注关键绩效体系
挑战现状	接受现状

(三) 人员能力的区别

班组的活动内容发生了变化，班组人员的能力体现自然也存在着较大的区别。过去我们总能在现场听到一句话："差不多就行。"这不仅仅代表了班组对工作质量的要求，也代表了班组对工作过程本身的要求，是不可取的。

制造业的传统强国——德国非常重视基础工人、技工和班组的综合能力培养。除了专业能力外，对于工业 4.0 背景下的人才还突出了综合能力的培养。这促使生产现场的很多问题能够得到充分的解决和反馈，最终形成非常良好的工业基础。

德国工业 4.0 背景下班组人员的综合能力包括以下四个方面(图 1.2)：

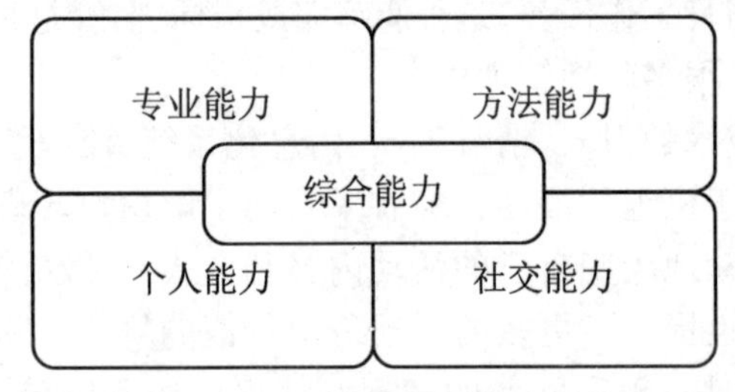

图 1.2 德国工业 4.0 背景下班组人员的综合能力

① 专业能力：指的是所具备的完成工作的专业知识，如电气基础知识、机械基本操作知识等。

② 方法能力：指的是在遇到问题或者接受任务时，寻找解决方法的能力。如信息获取能力、问题管理能力、逻辑推理能力等，这些都属于方法能力的范畴。

③ 个人能力：指属于个人独有的对个人起到促进作用的能力，我们常常提到的学习能力、非专业性语言能力都属于个人能力的范畴。

④ 社交能力：主要指的是沟通能力。随着信息化的不断发展，各种各样的信息都需要依托不同的沟通渠道汇聚与分享。因此，在讲究班组合作的时代，社交能力显得尤为重要。

在德国定义的工业 4.0 中，这四个能力总称为工作资质。这个能力标准对于我们理解新的班组人员能力有着非常好的借鉴意义。结合当下国内多数企业面临的困境，我们不难发现，传统班组在向智能制造新班组转型的时候，往往会面临学习能力不足、主动性差、自我认可度不高、职责不明确、解决问题的方法不足等问题。智能制造时代下班组人员的能力与传统班组人员的能力区别如表 1.2 所示。

表 1.2　智能制造时代下班组人员和传统班组人员能力的区别

智能制造时代下的班组人员	传统班组人员
喜欢接受新任务	只注重完成本职工作
学习新技能的能力强	学习新技能的欲望不足
流程化管理问题	推诿、遮掩问题
搜集数据并分析	不做数据分析
新型技能（机器人等）	传统技能（手工艺）
自我认可度高	自我认可度低
有具体工作职责	无具体工作职责
精益求精	“差不多就行”

表 1.2 既是新旧班组人员之间的显著区别，也是智能制造时代下班组人员组织与建设的主要方向。只有清楚了解了这些区别，才能有针对性地提出问题并制定与实施措施以积极改变。

第二节　智能制造时代下的班组新要求

一、智能制造时代下班组的新挑战

智能制造时代下的班组，首先要面对的挑战便是传统班组向智能制造时代下新型班组的转型过程。通过上节对班组下的新定义，可以把新挑战归为5个大方向。

1. 具备现代化的现场管理能力

过去的现场管理，安全和交付是被反复强调的管理指标。多数传统企业在一开始较多关注的也仅仅是单日产量的完成。质量虽然在出厂阶段会得到一定程度的重视，但是其纠正的途径往往不是注重解决生产过程中产生的差异和缺陷，而是在产品输出端设置各种各样的检测和修复环节。这样将占用大量的固定资产、人员，造成巨大的浪费。随着制造技术的不断应用和消费市场竞争的日益激烈，现场管理已经不能像以往的管理那样粗放。以提高效率、减少浪费、持续改善为原则的精益生产理念逐渐被企业接受，并成为现代班组管理的核心思想。在这样的时代背景下，现场管理开始从简单的单一管理向复杂的管理方向过渡。虽然看起来有点复杂，但归纳起来不外乎安全管理、质量管理、效率管理、成本管理和人员(士气)管理五个方向(图1.3)。在本书的第二章，笔者将详细地介绍这些管理的内容和常用工具。

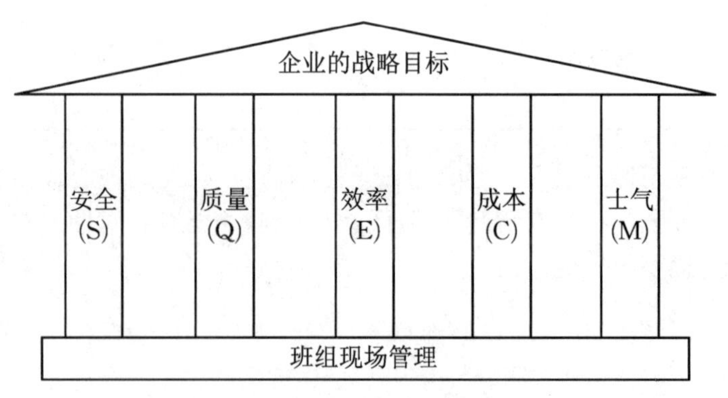

图1.3　公司战略目标实现的五大支柱

2. 具备信息处理能力

有了信息化、智能化的加持，智能制造才有了实质上的意义。控制论之父诺伯特·维纳曾经说，信息是区别于物质和能量的世界第三大资源。在我们的班组生产和管理过程中，会产生各种各样的详细数据。这些宝贵的数据在传统的班组管理中并没有得到应用，从而导致了管理颗粒度过大、管理粗放且效率低下。过去的生产过程仿佛是一个黑盒子，而人们只关心进入盒子的内容和盒子产出的内容。随着信息时代的发展及生产控制系统（MES）等各种系统的使用，生产过程可以被跟踪和追溯，也就产生了相应的数据流和价值流。这些过程数据精确地反映出了现场的管理情况，工作流程是否畅通、是否存在浪费、是否存在隐患等之前不可预知的问题如今都可以被精确地反映出来。因此，提升班组在智能制造背景下多渠道的信息获取、信息过滤和信息处理能力，尤其是先进管理系统中管理数据的读取和应用能力，就显得尤为重要。本书在班组能力提升章节中，将会对班组所需要接触的新型信息系统作介绍，并配以简单的关键指标管理工具以帮助读者理解和应用信息化系统。

3. 具备专业能力和学习能力

在智能制造时代背景下，制造技术日新月异。以工业机器人、工业控制器为代表的自动化、智能化生产设备正被大规模地引入生产。因此，对于新技术的冲击，不论是操作者还是管理者，都十分关心班组相关人员的学习能力。学习能力是否足够强也是班组能否进行快速转变的一个重要指标。

OJT（On the Job Training）作为日本企业较为成熟的在岗培训方法，正在被很多企业所接受。这个方法直观地对工作本身进行阐述，并组织现场学习和交流。分级分类、递进式的学习方法让日本企业在工业浪潮中脱颖而出，培养了大量的技术人才。这个方法目前在许多工业发达的国家和地区都得到了充分的应用。本书将在第三章中对此人才培养的方法作重点介绍。

4. 具备综合问题管理能力

在以往班组的生产过程中，除了常规化的生产内容之外，伴随班组最多的便是各种各样的问题。可以说现场问题的解决占到班组日常工作三成甚至更高的比例，特别是在企业转型、流程重建的时候。然而现场问题的种类很多，情况也很复杂，传统班组却很少重视问题管理这项能力的系统培养。不少企业管理者经常叹息：底下能办事的人太少了。尤其在智能制造转型阶段，在大量设备投入使用、执行新工艺流程、生产新产品等情况下，现场发生问题的概率直线上升。若没有很好的解决现场问题的能力，班组工作展开将遇到阻碍，企业转型将遇到坎坷。因此，加强综合问题管理不仅是解决常识问题那么简单，而且要求班组人员在问题的管理上提高综合能力，包括分析、解决、汇报和求助能力等。本书将在第三章中介绍问题管理的相关内容。

5. 具备构建团队能力

不论什么样的团队，其核心都是人，因此人员管理、团队建设是构建团队的核心内容。在新班组构成下，班组成员已经从师徒制、单一工种制向多元化转变。这样的转变带来的问题便是团队的沟通能力以及班组长的领导力如何提升以适应这种转变。考虑到现代员工获取信息的渠道变广，个性也越来越鲜明，班组的管理模式已经从简单的“发号施令”向“因材施教”的方向转变，这对班组的构建能力提出了较高的要求。在本书第三章，笔者将会对班组内部沟通能力和领导力提升进行重点介绍。

二、智能制造时代下对班组长的要求

1. 智能制造时代下班组长的角色认知

在过去，我们经常把班组长称为“兵头将尾”，选用业务能力非常突出的“排头兵”作为班组长。在传统的班组管理中，大多数业务能力过硬的班组长必然能在单一工种或师徒制的班组中树立威望。但随着班组向多元化转变，班组长的角色更像是斯蒂芬·德罗特在其著作《领导梯队》中提到的“一线经理人”。

一线经理人的角色不仅要求班组长有较强的业务能力，而且要注重班组长的领导力，如是否会指挥组员进行工作、是否会进行组员的绩效评估、是否会激励班组成员、是否会制订工作计划等。这便将班组长定义成了企业生产的一线管理者，班组长对企业发展起着极为重要的作用。因此，班组长的角色认知显得尤为重要：

① 对企业，班组长是绩效的直接创造者，掌控着企业的五大支柱：安全、质量、效率、成本和士气。

② 对上司，班组长是任务执行的左右手，起到执行贯彻和承上启下的作用。

③ 对组员，班组长是教练，制订计划、组织工作和培养人才。

④ 对同级，班组长是精密合作的齿轮，相互配合达到最高效率。

⑤ 对组织，班组长是业务的多面手，是在关键时刻发挥最佳替补作用的核心人员。

2. 班组长的能力模型

通过对班组长角色的解读，我们可以把班组长的能力要求大概分为三个大类：个人素养、管理能力和业务能力。其中，个人素养指的是班组长个人能力和价值取向，管理能力是对现场管理的把控能力，业务能力则是在所负责的区域内执行业务的能力。三项能力相辅相成，构成班组长的综合能力（图 1.4）。

基于应对智能制造时代下班组所面临的挑战和要求，我们可以将班组长的能力模型分成以下4项素质、9种能力。

(1) 4项素质

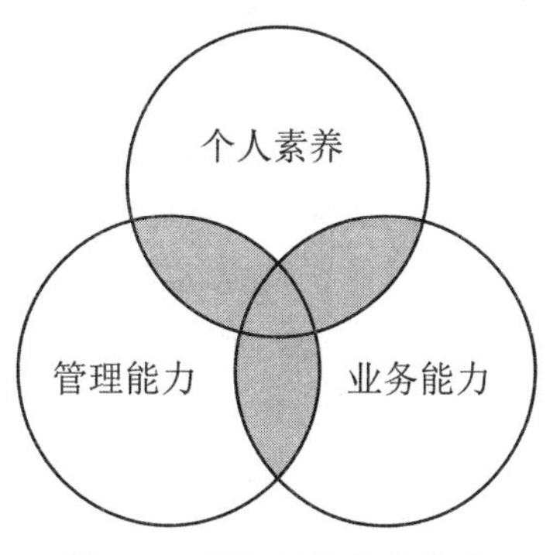

图1.4　班组长的能力构成

① 班组长应具备高度的安全责任感。安全生产责任重于泰山。班组长在工作中要严谨细致,严格把关,将安全管控贯穿于工作的每一个环节、每一道工序、每一个工种,不放过任何影响安全生产的隐患。同时要加强对班组成员的安全教育培训,帮助班组成员提高安全意识,最终实现安全生产的目标。

② 班组长应具备较高的业务技术素质。班组长要拥有丰富的实践经验和专业技能,并善于学习新知识、新工艺、新方法,不断提高自己的专业技术水平。随着科学技术的日益发展,新技术、新工艺、新材料将广泛应用于现代生产。新理念、新方法不断取代传统的管理理念和方法。科技和人才将会成为现代企业的核心竞争力。因此,班组长不仅要熟练地掌握生产技术知识和技能,成为班组的技术尖子、革新能手,还要精通生产设备、生产工具的操作。

③ 班组长应具备敬业精神和良好的心理素质。班组长不仅要有吃苦耐劳、顽强进取、乐于奉献的敬业精神,还要能团结所有班组成员,在班组中营造"积极、乐观、健康、向上"的氛围。同时,班组长是班组的领头雁,在工作中要严于律己、率先垂范、以身作则,以高尚的情操和模范行为,以个人的人格魅力,带领班组成员出色地完成各项生产和工作任务。

④ 班组长应具备娴熟的管理素质。管理素质是指班组长要有较强管理意识,有为整体利益而牺牲局部利益的胆识和勇气;同时,应掌控班组成员的从业心态和价值观,做好班组成员的思想政治工作,晓之以理,动之以情,但切忌带有哥们义气和看人下菜碟的心理;班组长的理念和行为方式将在潜移默化中影响整个班组的状态和风格,凡事应以身作则、率先垂范;作为班组长应带好头、收好尾,只有为上层组织解决问题,上层组织才会给班组长以更大的发展空间,并给班组成员带来更多的利益。

(2) 9种能力

① 具备安全生产指导能力。有较强的现场指挥能力和生产指导能力,促进班组成员操作水平不断提升,安全高效地完成生产经营任务。

② 具备专业作业能力。有较高的本班组生产作业的专业技能,能够科学准确地指导班组成员进行生产作业。

③ 具备目标管理能力。能够合理制定班组生产作业目标,并通过具体任务分

配促使生产经营目标的顺利完成。具备整体意识,以长期目标、集体目标为管理方向。

④ 具备信息处理及运用能力。能够及时传达上级的经营决策指令,并及时向上级反馈班组成员的具体落实情况。

⑤ 具备组织协调能力。能够组织生产作业和开展员工文化生活,及时协调班组成员之间的关系,提升班组团队的向心力。

⑥ 具备激励和培养员工的能力。能够不断激励班组员工,有效地组织员工培训学习,提高员工的工作积极性和主动性。

⑦ 具备开拓创新能力。能够通过生产技术创新、工作方法的改进,推动班组生产经营和管理水平的提高。

⑧ 具备表达和沟通能力。能够及时与班组成员进行有效沟通,了解班组成员的想法和要求。

⑨ 具备处理异常情况和解决问题的能力。能够及时地发现异常情况和问题,做出正确的决策并解决问题。

第二章　智能制造时代下的班组现场管理

第一节　智能制造时代下班组管理的核心思想：精益生产

一、精益生产概述

（一）精益生产简介

精益生产(Lean Production，简称 LP)方式源于丰田生产方式。精益生产方式的优越性不仅体现在生产制造系统，同样也体现在产品开发、协作配套、营销网络以及经营管理等各个方面，它是当前工业界最佳的一种生产组织体系和方式，也必将成为 21 世纪标准的全球生产体系。

20 世纪初，从美国福特汽车公司创立第一条汽车生产流水线开始，大规模的生产流水线一直是现代工业生产的主要特征，改变了效率低下的单件生产方式，被称为生产方式的第二个里程碑。精益生产方式是根据丰田实际生产的要求而被创造、总结出来的一种革命性的生产方式，被人称为“改变世界的机器”，是现代生产方式的第三个里程碑。总体来说，根据精益生产方式的形成过程可以将其划分为三个阶段：丰田生产方式形成与完善阶段；丰田生产方式的系统化阶段(即精益生产方式的提出)；精益生产方式的革新阶段(对以前的方法理论进行再思考，提出新的见解)，如目视管理法、一人多机、U 形设备布置法等。

为了揭开日本汽车工业成功之谜，1985 年美国麻省理工学院筹资 500 万美元，确定了一个名叫“国际汽车计划”(IMVP)的研究项目。在丹尼尔·鲁斯教授的领导下，组织了 53 名专家、学者，从 1984 年到 1989 年，用了 5 年时间对 14 个国家的近 90 个汽车装配厂进行实地考察，查阅了几百份公开的简报和资料，并对西方的生产方式与日本的丰田生产方式进行对比分析，最后于 1990 年出版了《改变世界的机器》一书，第一次把丰田生产方式定名为 Lean Production，即精益生产方式。精益生产方式的提出，把丰田生产方式从生产制造领域扩展到产品开发、协作配套、销售服务、财务管理等各个领域，贯穿于企业生产经营活动的全过程，使其内涵更加全面、更加丰富，对指导生产方式的变革更具有针对性和可操作性。接着在 1996 年，经过 4 年的“国际汽车计划”第二阶段研究，出版了《精益思想》这本书。《精益思想》弥补了前一研究成果并没有对怎样能学习精益生产的方法提供多少指导的不足，在这本书中描述了学习丰田方法所必需的关键原则，并且通过例子讲述了各行各业均可遵从的行动步骤，进一步完善了精益生产的理论体系。在此阶段，美国企业界和学术界对精益生产方式进行了广泛的学习和研究，提出很多观点，对原有的丰田生产方式进行了大量的补充，主要是增加了 IE 技术、信息技术、文化差异等，对精益生产理论进行完善，使其更具适用性。

精益生产的理论和方法是随着环境的变化而不断发展的，特别是在 20 世纪末，随着研究的深入和理论的广泛传播，越来越多的专家学者参与进来，出现了百花齐放的现象，各种新理论中的方法层出不穷，如大规模定制（Mass Customization）与精益生产的相结合、单元生产（Cell Production）、JIT2、5S 的新发展、TPM 的新发展等。很多美国大企业将精益生产方式与本公司实际相结合，创造出了适合本企业需要的管理体系，例如，1999 年美国联合技术公司（UTC）的 ACE（获取竞争性优势，Achieving Competitive Excellence）管理、精益六西格玛管理、波音的群策群力、通用汽车 1998 年的竞争制造系统（GM Competitive MFG System）等。这些管理体系实质是应用精益生产的思想，将其方法具体化，以指导公司内部各个工厂、子公司顺利地推行精益生产方式；并将每一工具实施过程分解为一系列的图表，员工只需要按照图表的要求一步步实施下去即可。每一工具对应一套标准以评价实施情况，也可用于母公司对子公司的评估。

精益六西格玛是将六西格玛管理法与精益生产方式相结合的一种管理方法，它能够通过提高顾客满意度、降低成本、提高质量、加快流程速度和改善资本投入，使股东价值实现最大化。六西格玛是过程或产品业绩的一个统计量，是业绩改进趋于完美的一个目标，是能实现持续领先、追求几乎完美和世界级业绩的一个质量管理系统。六西格玛管理法是一种从全面质量管理方法（TQM）演变而来的高度有效的企业流程设计、改善和优化技术体系，并提供了一系列同等地适用于设计、生产和服务的新产品开发工具。六西格玛管理法的重点是将所有的工作作为一种流程，采用量化的方法分析流程中影响质量的因素，找出最关键的因素加以改进，从而达到更高的客户满意度。因此，精益生产方式和六西格玛管理法的相互融合，一方面克服了精益生产方式不能使用统计方法来管理流程的缺点，另一方面克服了六西格玛管理法无法显著地提高流程速度或者减少资本投入的缺点。

（二）精益生产的基点

企业是一个生产单位，它设立的目的是实现利润的最大化；其功能是把土地、劳动等人力资本和非人力资本等生产要素投入生产并转化为一定的产出。

众所周知，企业经营的最终目的是获取最大的利润。而如何获取最大的利润，却因经营思想不同而导致做法不同。企业的经营思想可分为成本主义、售价主义和利润主义三种。

（1）成本主义

以成本为中心，加上预先设定的利润，由此得出售价的经营思想称为成本主义，即售价＝成本＋利润。例如，生产成本为1000元，利润定为成本的20%，即200元，则售价为1200元。当市场需求增多，供不应求时，企业抬高售价来获得更多的利润。这类产品大都属于垄断性的商品，消费者没有选择的余地，但这样的卖方市场是十分有限的。

（2）售价主义

以售价为中心，当市场售价降低时，利润也随之减少，这样的经营思想称为售价主义，即利润＝售价－成本。例如，市场售价是1200元，现在的生产成本为1000元，利润就是200元。当市场竞争导致售价降为1100元时，但成本仍是1000元，利润就降为100元。采用这种经营思想的企业大都属于没有危机感和缺乏改善意识的企业，在市场竞争日益激烈的今天更加难以生存。

（3）利润主义

以利润为中心，当市场售价降低时，成本也必须降低，以便维持目标利润的经营思想称为利润主义，即成本＝售价－利润。例如，公司的目标利润是200元，现在市场的售价是1200元，那么目标成本就是1000元。如果市场的售价降至1100元，为了维持200元的目标利润，则必须降低成本至900元。很显然，采用这种经营思想的企业就可以在竞争中立于不败之地。

从本质上来说，成本就是指为了实现利润应从销售额中扣除过去、现在、将来的所有的现金支出，这不仅仅是指材料、消耗品、人工和设备的费用，还应包括一切管理费用、销售费用以及财务费用等。对企业而言，材料、消耗品和设备的价格是由市场决定的，要想通过降低成本来获取利润，就必须在企业内部把人工、设备的使用等管理成本作为改善的对象，彻底消除其存在的各种浪费，达到提高盈利空间的目的。因此，精益生产采用利润主义的经营思想，通过彻底消除浪费和提高效率来实现降低成本的基本目标，从而实现利润最大化的最终目标。

（三）精益生产的核心

精益生产方式的基本思想可以用一句话来概括，即：Just In Time（JIT），翻译为中文是“旨在需要的时候,按需要的量,生产所需的产品”。因此有些管理专家也称精益生产方式为 JIT 生产方式、准时制生产方式、适时生产方式或看板生产方式。

(1) 精益生产核心就是追求零库存。精益生产是一种追求无库存生产,或使库存达到极小的生产系统,为此而开发了包括“看板”在内的一系列具体方式,并逐渐形成了一套独具特色的生产经营体系。

在精益生产的概念中,去除不必要的库存对于其流程管理来说是根除浪费的核心之一。

(2) 追求快速反应,即快速应对市场的变化。为了快速应对市场的变化,精益生产者开发出了细胞生产、固定变动生产等布局及生产编程方法。

(3) 营造企业和谐统一的内外环境。精益生产方式成功的关键是把企业的内部活动和外部的市场(顾客)需求和谐地统一于企业的发展目标。

(4) 重视人本主义。精益生产强调人力资源的重要性,把员工的智慧和创造力视为企业的宝贵财富和未来发展的原动力:充分尊重员工;重视培训;共同协作。

二、精益生产的价值

(一) 精益生产的原则

在《精益思想》一书中,作者从丰田开创的精益生产方式中总结出的 5 个基本原则,成为所有踏上精益生产道路的组织不断践行的基本原则。

(1) 正确地确定价值

正确地确定价值就是以客户的观点来确定企业从设计到生产再到产品交付的全部过程,实现客户需求的最大满足。

(2) 以客户为中心的价值观

以客户的观点确定价值还必须将生产全过程的多余消耗减至最少,不将额外的花销转嫁给用户。精益价值观将商家和客户的利益统一起来,而不是过去那种对立的观点。

用以客户为中心的价值观来审视企业的产品设计、制造过程、服务项目就会发现太多的浪费,从不满足客户需求到提供过分的功能而产生多余的非增值消耗。当然,消灭这些浪费的直接受益者既是客户也是商家。

(3) 识别价值流

价值流是指从原材料转变为成品并为它赋予价值的全部活动。这些活动包括:从概念到设计、工程实施再到投产的技术过程,从订单处理、制订计划再到送货的信息过程,从原材料到产品的物质转换过程,以及产品全生命周期的支持和服务过程。精益思想识别价值流的含义是在价值流中找到哪些是真正能够增值的活动、哪些是可以立即去掉的不能增值的活动。精益思想将所有业务过程中消耗了资源而不能增值的活动叫作浪费。识别价值流就是发现浪费和消灭浪费。识别价值流的方法是价值流分析(Value Stream Map Analysis)——首先按产品族为单位画出当前的价值流图,再以客户的观点分析每一个活动的必要性。价值流分析成为实施精益思想最重要的工具。

价值流并不是从自己企业的内部开始的,多数价值流都向前延伸到供应商,向后延长到向客户交付的活动。企业应按照最终用户的观点全面地考察价值流,寻求全过程的整体最佳,特别是推敲部门之间交接的过程,其中往往存在着更多的浪费。

(4) 流动与拉动

如果正确地确定价值是精益思想的基本观点,识别价值流是精益思想的准备和入门工作的话,流动(Flow)和拉动(Pull)则是精益思想实现价值的关键。精益思想要求创造价值的各个活动(步骤)流动起来,强调的是不间断地"流动"。价值流本身的含义就是"动"的,但是由于根深蒂固的传统观念和做法,如部门的分工(部门间交接和转移时的等待)、大批量生产(机床旁边等待的在制品)等阻断了本应动起来的价值流。精益思想将所有的停滞作为企业的浪费,号召"所有的人都必须和部门化的、批量生产的思想做斗争",用持续改进、JIT、单件流(One-Piece Flow)等方法在任何批量生产条件下创造价值的连续流动。当然,使价值流流动起来,必须具备必要的环境条件。这些条件是:过失、废品和返工都造成过程的中断、回流,实现连续的流动要求每个过程和每个产品都是正确的;环境、设备的完好性是流动的保证;3P、5S、全员维修管理(TPM)都是价值流动的前提条件之一;有规模适当的人力和设备,避免形成瓶颈而造成阻塞。

拉动就是按客户的需求投入和产出,使用户在他们需要的时间得到需要的东西。实行拉动以后用户或制造过程中的下游组织就像在超市的货架上一样取到他们所需要的东西,而不是把用户不太想要的产品强行推给用户。拉动原则由于生产和需求直接对应,消除了过早、过量的投入,从而减少了大量的库存和现场在制品,大大地压缩了提前期。拉动原则更深远的意义在于企业具备了当用户一旦需要,就能立即进行设计、计划和制造出用户真正需要的产品的能力,最后实现抛开预测,直接按用户的实际需要进行生产。

实现拉动的方法是实行 JIT 生产和单件流。当然,JIT 和单件流的实现最好采用单元布置的方法,对原有的制造流程做深刻的改造。流动和拉动将使产品开发时间减少 50%,订货周期减少 75%,生产周期降低 90%,相对传统的改进来说简直是个奇迹。

(5) 尽善尽美

奇迹的出现是由于上述4个原则相互作用的结果。改进的结果必然是价值流动速度显著地加快。这样就必须不断地用价值流分析方法找出更隐藏的浪费,做进一步的改进。这样的良性循环成为趋于尽善尽美的过程。精益制造的目标是:"通过尽善尽美的价值创造过程(包括设计、制造和对产品或服务整个生命周期的支持)为用户提供尽善尽美的价值"。"尽善尽美"是永远达不到的,但持续地追求尽善尽美,将造就一个永远充满活力、不断进步的企业。

(二) 精益生产的价值

(1) 提升企业管理的能力

精益生产以数据和事实为驱动器,精益生产成为追求完美无瑕的管理方式的同义语。国际上,丰田以精益生产作为管理方向,成功地超越了众多的知名品牌,成为世界第一的汽车制造商。国内,北京奔驰也在精益生产的理念带动下,仅用了不到8年的时间实现了产量7倍有余的增幅,营收达到1551亿元。

精益生产追求以客户为导向的价值目标,正确引领着企业的前进方向。当形成良好的精益管理意识以后,公司的管理主线便可统一,形成强有力的管理合力。

(2) 节约企业运营成本

对于企业而言,所有的不良品要么被废弃,要么需要重新返工,要么在客户现场维修、调换,这些都提高了企业成本。

(3) 增加顾客价值

实施精益生产可以使企业从了解并满足顾客需求到实现最大利润之间的各个环节实现良性循环。公司首先了解、掌握顾客的需求,然后通过采用精益生产减少随意性和降低差错率,从而提高顾客满意程度。

(4) 改进服务水平

由于精益生产不但可以用来改善产品品质,而且可以用来改善服务流程,因此,对顾客服务的水平也得以大大提高。

(5) 形成积极向上的企业文化

在传统管理方式下,人们经常感到不知所措,不知道自己的目标,工作处于一种被动状态。通过实施精益生产管理,每个人知道自己应该做成什么样,应该怎么做,整个企业洋溢着热情。员工十分重视质量以及顾客的需求,并力求做到最好。通过参加培训,掌握标准化、规范化的问题解决方法,工作效率获得明显提高。在强大的管理支持下,员工能够专心致力地工作,减少并消除工作中"消防救火式"的活动。

三、智能制造与精益生产的关系

在智能制造刚开始普及的时候，很多人并不明白智能制造的目的，有的企业甚至“为了智能制造而智能制造”，投入了大量的资源却收效甚微，造成了浪费。因此有些人提出了疑问：“我们向智能制造转变到底是为什么呢？现况也挺好的啊！”

其实，德国在工业4.0概念被第一次提出来以后就发现，制造技术的革新只是工具，需要一个方向的引领。在后来多次讨论的过程中，大家得到一个共识：现在的制造技术和基础理论并没有发生颠覆性的变化，还处在量变向质变发展的过程。于是精益生产这个加速量变过程的思想便被引入到工业4.0中。

“降本增效，持续改善，以客户为中心”是精益生产的核心理念，能够适应大多数企业现阶段对于智能制造的理解，因此本书以此为背景介绍智能制造时代下的班组管理。

第二节　班组的安全管理

一、班组安全管理的内容

1. 贯彻执行有关安全生产的各项规章制度

班组长应组织班组成员参加班组安全生产日及其他形式的安全活动，召开班前会，严格执行安全生产的各项规章制度。

2. 组织班组辖区内生产过程中的隐患排查整改

班组长应定期检查员工执行规章制度的情况，监督班组成员做好交接班和自检工作；检查班组成员的劳动防护用品的使用情况，如发现防护用品有不安全因素应立即更换，确保防护用品安全、好用；要严格监管各项工作环节，落实安全防护措施；发生事故或未遂事故时，应立即保护好现场，并及时上报，事后要组织班组成员召开安全会议，吸取教训，提出防范措施。

3. 组织班组安全教育、培训工作，负责班组安全考核

班组长要协助上级领导或自行组织安全教育和相关培训，开展岗位练兵活动，对新员工进行现场安全教育，熟悉工作环境，耐心讲解安全生产规程和规章制度；定期考核员工的生产操作，对安全意识强的员工或发现安全隐患的员工给予奖励。

4. 检查维护生产设备、安全装备、消防设施

班组长要检查维护生产设备、安全装备、消防设施等，保证其保持完好和处于正常运转状态；要经常组织技术人员对生产的各种机械设备和消防设施进行检查，发现有问题要及时修理，从源头上消除安全隐患，保证生产安全进行。

5. 负责各种安全活动的记录

对各种安全教育活动、会议或生产事故，班组长都要进行详细记录，并保存归档，以备以后使用。

二、班组安全管理的开展措施

（一）开展良好的安全教育

1. 介绍本班组存在的危险因素

介绍本班组生产特点、作业环境、危险区域、设备状况、消防情况等，重点介绍高温、高压、易燃易爆、有毒有害、腐蚀、高空作业等可能导致事故发生的危险因素，交代本班组容易出事故的部位和典型事故案例。

2. 讲解具体工种、岗位的安全操作规范

由专人负责讲解具体工种、岗位的安全操作规程和岗位责任。在讲解过程中，要重点强调安全意识，让班组员工重视安全生产，自觉遵守安全操作规程，做到不违章作业，爱护并正确使用设备和工具。具体介绍各种安全活动以及作业环境和交接班制度，一旦出了事故或发现事故隐患，应及时报告领导，采取措施。

3. 讲解安全用具的使用方法

详细讲解如何正确使用、爱护安全用品，如在机床转动时，不准戴手套操作；工人进入车间时，必须戴安全帽；作业人员进入施工现场或进行登高作业时，必须戴好安全帽、系好安全带；工作场所要保持道路畅通；物件堆放要整齐有序等。

4. 实行安全操作示范

组织技术熟练、富有经验的老员工，对班组作业人员进行安全操作示范，重点讲解安全操作要领，说明操作不当的危害等。

5. 安全演练

不定期开展安全演练活动，让员工熟练掌握安全事故处理办法以及重大安全事故中的逃生技巧。

（二）做好例行日常安全检查

1. 常用日常安全检查项目

发现班组生产作业中人、物的不安全状态、不安全行为，以及潜在的职业危害等，并加以整改，是班组安全检查的重要工作内容。因此，在班组长的安全工作中，很大一部分工作是制定安全检查项目并逐一排查。下面列举了大多数生产制造型企业中的日常安全检查项目。

(1) 劳动保护器具不全

① 没有穿相应的安全服装，如接触液态金属时没有穿化纤工作服等。

② 没有穿工作鞋，如没有穿绝缘鞋就进行电工作业等。

③ 没有戴防护手套，如没有戴绝缘手套就进行电工作业等。

④ 没有戴防护眼镜，如在打击淬火件、金刚等硬质物品时，没有戴防护眼镜等。

⑤ 误选保护器具或错误使用保护器具等。

⑥ 没有戴好安全帽，没有系好安全带。

(2) 安全措施不到位

① 施工现场没有设置安全警戒线。

② 有落物危险的高空作业，没有设置安全警戒线，且无人监护。

③ 没有施行有关危险性、有害性的对应措施。

④ 高处作业没有设置安全带或安全网。

(3) 作业方法不当

① 不按工艺流程操作机械设备。

② 作业工具使用不当。

③ 技术与动作违反作业程序。

(4) 物品放置不当

① 放置工具、用具、材料时，造成不安全状态。

② 物体堆放超高、不稳妥，占用安全通道。

③ 机械装置的放置方法不正确，造成不安全状态。

(5) 不按规定使用机械装置

① 机械设备、工具及用具选用错误。

② 没按安全规定方法使用机械设备。

③ 以危险的速度操作机械设备。

④ 使用有缺陷的机械设备。

(6) 接近危险有害区域

① 接近、接触或走在吊挂货物之下。

② 擅自进入煤气危险区域，进行煤气动火作业。

③ 接触或倚在崩塌物之上。

④ 立于不安全区域。

⑤ 接近或接触正在运转的机械装置。

(7) 清扫、修理、检查正在运转中的机械设备

① 接触加压中的容器。

② 接触通电中的电器装置。

③ 接触内装危险物品的装置。

④ 接触加热中的物品。

(8) 安全装置与有害物抑制装置的失效

① 安全装置被拆卸。

② 各类防护物被拆除。

③ 安全装置等调整错误。

(9) 其他不安全行为

① 置各种危险物品于一处。

② 以投递的方式传递物品。

③ 以不安全物代替规定物。

④ 班前、班中饮酒,酒后上岗、串岗、睡觉。

⑤ 在禁火区域或作业现场吸烟。

⑥ 在作业现场胡闹、做恶作剧。

⑦ 以手代替工具进行作业。

⑧ 超负荷装载货物。

2. 日常安全隐患排查与整改

在安全例行检查中,检查出来的并非都是危险,绝大部分是安全隐患。安全隐患的整改也并非能够达到立竿见影的效果。因此,发现安全隐患以后,如何进行分类和整理,也是班组长安全管理工作中十分重要的一项工作内容。

(1) 可能存在的安全事故隐患及其分类

安全事故隐患是指在生产经营活动中因违反安全生产法律、法规、规章、标准、规程和安全生产管理制度的规定,或者因其他因素而存在可能导致事故发生的危险状态、人的不安全行为和管理上的缺陷。安全事故隐患分为一般安全事故隐患和重大安全事故隐患。

① 一般安全事故隐患。一般安全事故隐患的危害和整改难度较小,发现一般安全事故隐患后通常能够立即整改并排除。

② 重大安全事故隐患。重大安全事故隐患是指危害和整改难度较大的安全隐患。重大安全隐患还可能是因外部因素影响致使生产经营单位自身难以排除的隐患。依照国家法律、法规规定,发现重大安全事故隐患要停产、停业,经过一定时间整改治理后才能继续作业。

（2）安全事故隐患的整改工作

对安全事故隐患的整改可按照隐患的严重程度进行，如按照一般事故隐患和重大事故隐患进行。一般的安全事故隐患应由车间主任、班组长或者有关人员立即组织整改。对于重大安全事故隐患，企业负责人组织制定并实施事故隐患治理方案。重大安全事故隐患治理方案应当包括以下几方面的内容：

① 治理的目标和任务。

② 安全措施和应急预案。

③ 采取的方法和措施。

④ 经费和物资的落实。

⑤ 治理的时限和要求。

⑥ 负责治理的机构和人员。

（3）安全事故隐患案例分享

表 2.1 至表 2.5 分别为某企业在消防安全、生产安全、设备电器安全、劳动保护安全、交通安全等方面的事故隐患排查及整改情况。

表 2.1　消防安全隐患及整改情况

安全隐患图片	整改后图片	整改情况解读
		消防设备设施不得被杂物阻塞、遮挡
		消防通道、安全出口应保持畅通，无阻塞
		室内消防水带箱内，水带、枪头、点检卡一个都不能少

续表

安全隐患图片	整改后图片	整改情况解读
	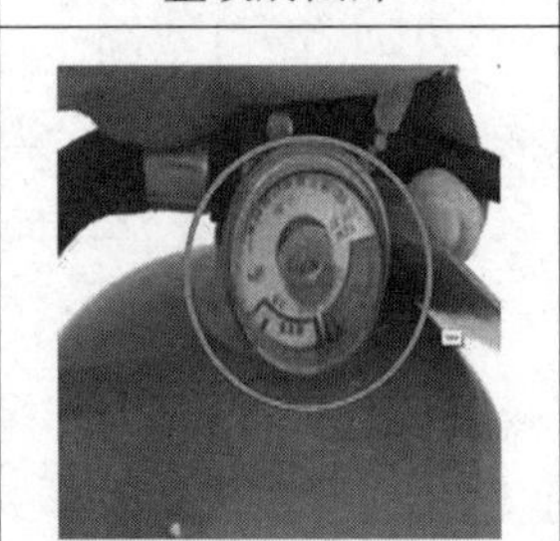	灭火器压力须正常(指针指向红色区域为欠压,指向黄色区域为超压,需保修)

表 2.2　生产安全隐患及整改情况

安全隐患图片	整改后图片	整改情况解读
		车间内人行通道应保持畅通,无阻挡
		登高作业(作业基准面 2 m 以上),应系好安全带或使用登高作业车,并办理登高作业申请
		进入自动化作业区域,开启安全门后必须进行能量锁定,且每人使用一把安全锁具

表 2.3　设备电器安全隐患及整改情况

安全隐患图片	整改后图片	整改情况解读
		配电柜柜门应保持关闭状态
		各类配电柜不得被阻挡
		特种设备要定期委托特检院检测，并张贴合格标志
		电源线防护套须完好，不得缺损

表 2.4　劳动保护安全隐患及整改情况

安全隐患图片	整改后图片	整改情况解读
		供应商现场服务人员应穿着反光背心
		防尘口罩应规范使用

表 2.5　交通安全隐患及整改情况

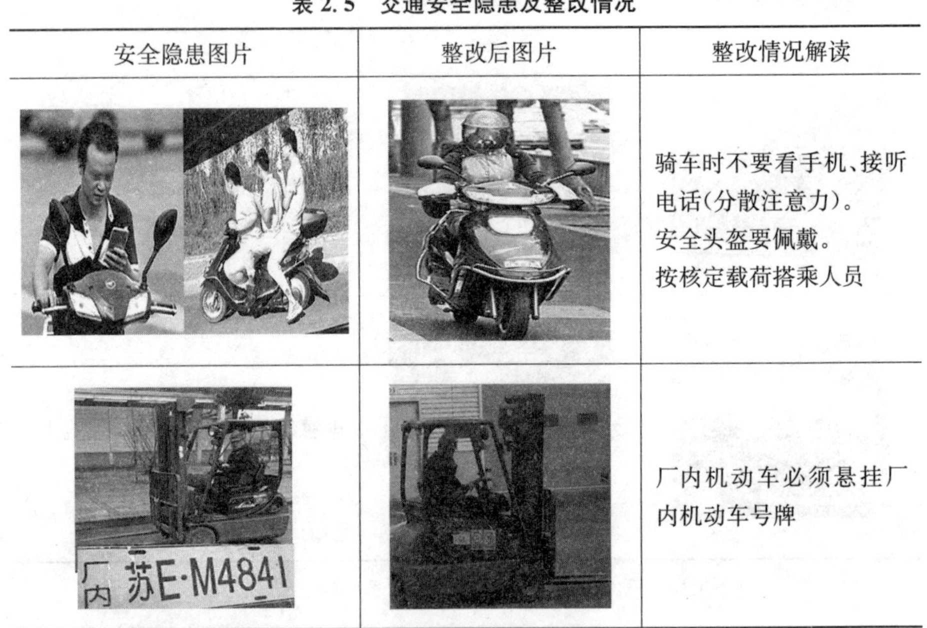

安全隐患图片	整改后图片	整改情况解读
		骑车时不要看手机、接听电话(分散注意力)。 安全头盔要佩戴。 按核定载荷搭乘人员
		厂内机动车必须悬挂厂内机动车号牌

3. 日常安全检查表

由上可见，安全检查是安全工作的重中之重，可以在事故发生前进行预防。因此安全检查工作不能没有章法。过去常用的安全检查条例在现场管理中却不太实用，过多的文字和内容没有办法突出检查的项目和内容。因此笔者以表 2.6 作为案例，向读者介绍日常安全检查表。

表 2.6　班组每日安全检查表

序号	检查项目	安全检查内容	安全检查标准及要求	检查结果		
				班前	班中	班后
1	安全管理	培训与教育	新员工、变换工种员工的“四新”教育、复工教育等是否按标准进行；特种作业人员是否持证上岗；每日安全主题是否按时学习并掌握；班组员工是否了解岗位的危险源及防止措施			
		制度与落实	各类规章制度是否齐全并得到有效执行；危险作业有无审批手续，防护措施是否落实到位			
2	班组内的设备设施	通用部分	防护罩、盖、栏等应完备、可靠；防止夹具、卡具松动或脱落的装置完好；各种限位、联锁、操作手柄要求灵敏可靠；接地、跨接线连接规范可靠；核查班组员工 TPM，如有问题立刻督促维修修复			
		使用的工具	电源线无裸露，按钮灵活：安全防护装置可靠有效，清理废屑应使用专用工具			
		电源、照明	照明情况良好：各线路无老化、破损，蛇型管无压砸损坏或脱落；班后确保关闭设备电源（除工艺要求外）			
3	班组内的装配（输送机）线	机械传动部位	防护装置齐全可靠；紧急开关灵敏可靠			
		防护罩（网）	完好、无变形和无破损，跨越地面通道或人员上方应装设护网（板）；过桥扶手稳固，踏脚高度合理，平台防滑可靠			
		风动工具	定置定位、防护罩齐全，开关动作灵敏可靠，转动部分无松动			

续表

序号	检查项目	安全检查内容	安全检查标准及要求	检查结果		
				班前	班中	班后
4	生产现场	员工行为规范	员工的健康状况良好，工作时禁止嬉笑打闹，行为规范是否符合公司或部门相关规定；个人情绪发生重大变化时，有无防范措施			
		安全操作规程	员工是否按照 HSE 作业指导书或者 SOS/JIS 操作			
		零件	分类摆放，零件放置符合标识规定，不超高			
		A、B、C 类垃圾分类	按要求分类存放，防止污染现象			
		地面	平坦，无积油积水，无绊脚物			
		电气控制柜（箱）	内外整洁、完好，无杂物，无积水，前方至少半径 1.2 米的范围内无障碍物			
		砂轮机	砂轮无裂纹、无破损；禁止用受潮、受冻的砂轮			
		地沟盖板	无破损，无变形			
		消防器材	消防器材正常、完好，消防器材箱前严禁堆放任何物品			
		通道	没有杂物占道，道路无油污、无积水、无铁屑			
		相关方管理	班组管理区域内的外来施工单位是否有违章施工、野蛮操作等违章行为			

续表

序号	检查项目	安全检查内容	安全检查标准及要求	检查结果		
				班前	班中	班后
5	劳防用品	岗位安全人	检查班组员工与进入本班组工作区域或岗位的相关人员，是否了解并严格遵守劳防用品穿戴要求			
6	隐患描述及整改措施： 记录人：________日期(精确到时分)：________ 问题跟踪反馈情况： 确认人：________日期(精确到时分)：________					

备注：1. 班组责任区域由工段长负责划分。
2. 班组检查结果在相应表格内做标记：√(正常)；×(隐患，须做记录并签字)；N/A(缺项)。

检查人：______/______/______　工段长/日期：______/______　检查日期：______年____月____日

在表2.6中，日常安全检查项目及其标准都在表格中列了出来，还包括安全检查的内容以及安全检查的评分、权重。这样的安全检查表可以帮助我们清晰地理清检查内容，快速高效地完成检查，并记录安全隐患。

（三）危险源管控

在开始介绍危险源的管控前，我们先区分一下危险源和安全隐患的区别。很多读者容易在这个地方产生混淆，而在安全管理中使用了不规范的管理方法。

危险源指的是在生产安全中具有潜在危险的源点或部位，但其不一定存在安全隐患，如安全放置的汽油、能源储存等。

安全隐患指的是违反了安全作业条例但是还没有引发危险的安全问题。

综上所述，危险源不一定是安全隐患，安全隐患也不一定是危险源。但是危险源一旦存在安全隐患，则一定是重大安全隐患。

一般来说，危险源是能量、危险物质集中的核心部位，是能量传出来或爆发的地方。危险源是导致伤害或疾病、财产损失、工作环境破坏或这些情况组合的根源。

危险源不一定会发生危险，但它可能存在事故隐患，也可能不存在事故隐患。危险源存在于确定的系统中，不同的系统范围，危险源的区域也不同。

危险源识别是班组管理的重要内容，是班组安全作业的保障。快速识别、预防危险源，需要提高班组作业人员的安全意识，需要加强平时的危险源识别和预防训练活动。

1. 危险源的分类

按危险源总体性质分类，危险源包括：人的不安全行为、物的不安全状态、环境的不安全条件、管理缺陷。具体分类如下：

① 化学品类：毒害性、易燃易爆性、腐蚀性等危险物品。

② 生物类：动物、植物、微生物（传染病病原体类等）等危害个体或群体生存的生物因子。

③ 特种设备类：电梯、起重机械、锅炉、压力容器（含气瓶）压力、管道、客运索道、大型游乐设施、场（厂）内专用机动车。

④ 辐射类：放射源、射线装置、电磁辐射装置等。

⑤ 电气类：高电压或高电流、高速运动、高温作业、高空作业等非常态、静态、稳态装置或作业。

⑥ 土木工程类：建筑工程、水利工程、矿山工程、铁路工程、公路工程等。

⑦ 交通运输类：汽车、火车、飞机、轮船等。

2. 危险源辨识的方法

（1）是非判断法

有些危险源是比较明显的，可以直接做出评估。对下列危险源可直接判定为重大危险源：

① 直接观察到的重大危险。

② 国内外同行业事故资料显示的重大危险。

③ 根据有关工作人员的经验判定的重大危险。

④ 不符合法律法规或其他要求的。

⑤ 曾经发生过事故，仍未采取有效措施的。

(2) LEC评价法

LEC评价法是对具有潜在危险性作业环境中的危险源进行半定量的安全评价方法，用于评价操作人员在具有潜在危险性环境中作业时的危险性和危害性。

LEC评价法使用与系统风险有关的三种因素指标值的乘积来评价操作人员伤亡风险大小，这三种因素分别是：L(Likelihood，事故发生的可能性)，E(Exposure，人员暴露于危险环境中的频繁程度)，C(Consequence，一旦发生事故可能造成的后果)。给三种因素的不同等级分别确定不同的分值，再以三个分值的乘积 D(Danger，危险性)来评价作业条件危险性的大小，即风险值 $D=L\times E\times C$。式中，D 的值越大，说明该班组作业的危险性越大。这时，班组长应及时采取安全措施，改变发生事故的可能性或减少人体暴露于危险环境中的频繁程度，直至调整到允许范围内。

① 事故发生的可能性(L)。如果用概率表示事故发生的可能性(L)的大小，那么概率为零的是绝对不可能发生的事故，而必然发生的事故概率为1。但是从生产安全角度出发，绝对不可能发生的事故是不成立的，所以人为地将事故发生的可能性(L)最小值取值为0.1，必然发生的事故的分数定为10，其他情况取0.1～10的中间值。具体赋值标准如表2.7所示。

表2.7　事故发生可能性的赋值标准

事故发生的可能性(L)	分数值
完全可能预料	$L=10$
相当可能	$L=6$
可能但不经常	$L=3$
可能性小，完全意外	$L=1$
很不可能，可以设想	$L=0.5$
极不可能	$L=0.2$
实际不可能	$L=0.1$

② 暴露于危险环境的频繁程度(E)。将连续暴露在危险源环境的情况赋值为

10,如果暴露在危险源环境中的频率极低,就赋值为0.5,介于两者之间的各种情况可以根据实际情况规定中间值。具体赋值标准如表2.8所示。

表2.8 暴露于危险环境的频繁程度的赋值标准

暴露在危险环境的频繁程度(E)	分数值
连续暴露	$E=10$
每天工作时间内暴露	$E=6$
每月一次,或偶然暴露	$E=3$
每月一次暴露	$E=2$
每年几次暴露	$E=1$
非常罕见地暴露	$E=0.5$

③ 发生事故的后果(C)。由于事故给作业人员造成了严重的人身伤害,给企业带来了较大经济损失,因此,规定其分数值范围为1～100。造成轻微伤害或较小财产损失的分数可以规定为1,造成多人死亡或重大财产损失的分数规定为100,其他情况的数值介于1～100。具体赋值标准如表2.9所示。

表2.9 发生事故后果的赋值标准

发生事故的后果(C)	分数值
大灾难,许多人死亡	$C=100$
灾难,数人死亡	$C=40$
非常严重,一人死亡	$C=15$
严重,重伤	$C=7$
重大,致残	$C=3$
引人注目,不符合基本的健康要求	$C=1$

④ 确定风险级别界限值。计算风险值(D),根据实际情况确定风险级别的界限值。如情况有变,应及时做出调整。风险值(D)的级别划分标准如表2.10所示。

表 2.10　风险值级别划分标准

D 值	危险程度	风险等级
>320	极其危险，不能继续作业	1
160～320	高度危险，须立即整改	2
70～160	显著危险，需要整改	3
20～70	一般危险，需要注意	4
<20	稍有危险	5

3. 危险源辨识应考虑的因素

(1) 危险源三种状态

① 正常：危险源的正常状态是指在日常的生产条件下可能产生的职业健康安全问题。

② 异常：危险源的异常状态是指在开/关机、停机、检修等可以预见到的情况下产生的与正常状态有较大差异的问题。例如，危险化学品贮存罐检修时，面临的危险比正常状态下要大得多。

③ 紧急：危险源的紧急状态，如火灾、爆炸、大规模泄漏、设施和仪器故障、台风、洪水等突发情况。

(2) 危险源三种时态

① 过去：危险源的过去时态是指以往遗留的职业健康安全问题和过去发生的职业健康安全事故等，如过去化学品使用常发生伤人事件。

② 现在：危险源的现在时态是指组织现在产生的职业健康安全问题。

③ 将来：危险源的将来时态是指组织将来产生的职业健康安全问题。例如，新项目引入、新产品及工艺设计时可能带来的职业健康安全问题等。

4. 危险源辨识的基本步骤

危险源辨识共有六个步骤，具体如图 2.1 所示。

步骤一：业务活动分类。以班组为单元，按岗位收集设备设施、作业人员、生产物料和管理程序等信息，包括周围其他班组或外来人员可能带来的风险。

步骤二：辨识危险有害因素。危险源辨识的首要任务是辨识第一类危险源，在此基础上再辨识第二类危险源。

第一类危险源(根源)：可能发生意外释放的能量(能源或能量载体)或危险物质(如锅炉、危险化学品等)。

第二类危险源(状态)：导致能量或危险物质的约束或限制措施破坏或失效的各种因素。

第一类危险源是伤亡事故发生的能量主体，决定事故后果的严重程度。第二类危险源是导致第一类危险源失控的因素，主要包括物的不安全状态、人的不安全行为。

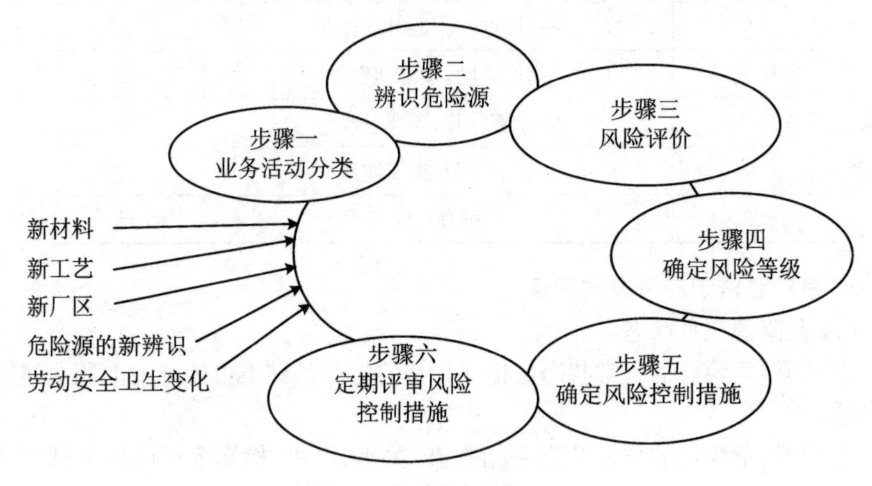

图 2.1　危险源辨识六步法

第二类危险源是第一类危险源造成事故的必要条件，决定事故发生的可能性。辨识危险有害因素的流程如图 2.2 所示。

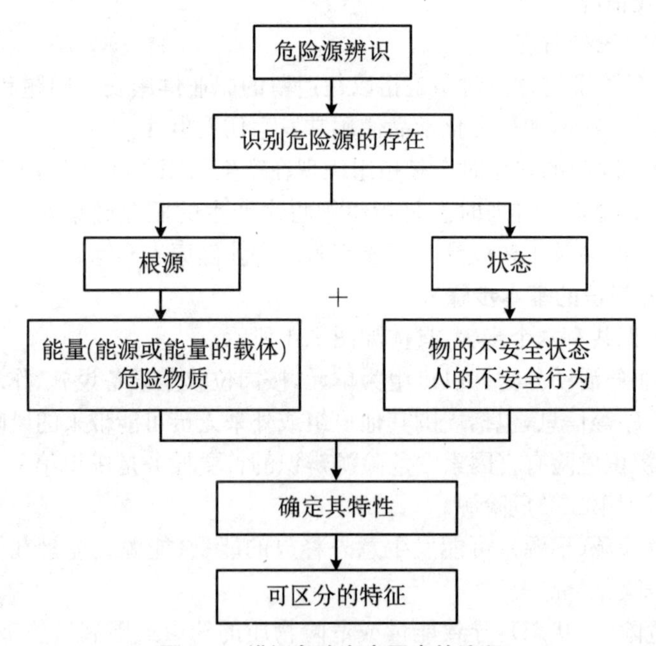

图 2.2　辨识危险有害因素的流程

步骤三：风险评价。采用 LEC 评价法进行危险源辨识的风险评价。

步骤四：确定风险等级。风险等级依据 LEC 评价法 D 值和对照分析方法（直观经验法）判定。

① 对照分析方法：依据是否违反法律法规和其他要求、是否违背企业体系方针、以往事故等直接判定是否为重大职业健康安全风险。

② LEC 评价法：按照表 2.10 的安全风险值级别进行相应的安全等级划分。

步骤五：确定风险控制措施。

① 消除：改变设计以消除危险源，如引入机械提升装置以消除手举或提升重物这一危险行为等。

② 替代：用低危害物质替代或降低系统能量，如降低的动力、电流、压力、温度等。

③ 工程控制措施：安装通风系统、机械防护、连锁装置、隔声罩等。

④ 标示、警告和（或）管理控制措施：安全标志、危险区域标志、发光标志、人行道标志、警告器或警告灯、报警器、安全规程、设备检修、门禁控制、作业安全制度、操作牌或作业许可等。

⑤ 个体防护装备：安全防护眼镜、听力保护器具、面罩、安全带、口罩和手套等。

选择风险控制措施时的优先顺序（从下向上）如图 2.3 所示。

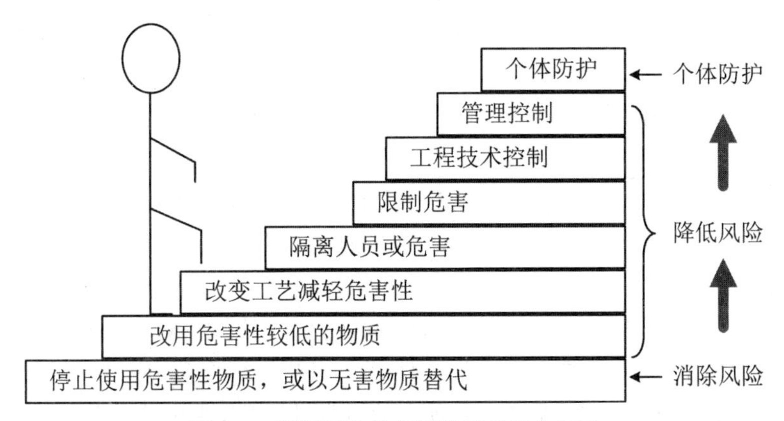

图 2.3　选择风险控制措施时的优先顺序

步骤六：定期评审风险控制措施。每年组织危险源辨识，对风险控制措施的有效性进行评审，并形成记录。

（四）安全应急处理

1. 安全事故应急演练

安全事故应急演练是指在企业为预防事故发生或在事故发生时及时援救而制

订应急准备计划和方案后，为检验这个计划和方案的有效性、应急准备的完善性，以及应急人员的协同性，针对事故发生的情景，依据应急预案模拟开展预警行动、现场处置等联合演习。应急演练可以分为综合演习、单项演习、场内场外应急演习等。演习根据企业的危险有害因素，预先设定事故发生的地点、时间、特征、波及范围、变化趋势等，仿真程度高。现实中，重视应急演习活动的企业，往往会受益匪浅，能够提高员工在紧急情况下处置事故的能力，并提高参演员工的风险防范意识和自救互救能力。

演练内容包括：

① 指挥协调：事故发生后，企业应根据事故情景，迅速成立应急指挥部。事故发生的作业现场班组长，也应作为指挥部成员之一。指挥部要全权负责一切事故处理事宜，调集应急救援队伍等相关资源，开展应急救援行动。

② 预警与报告：根据事故情况，指挥部应向相关部门或人员发出预警信息，并向有关部门和人员报告事故信息。

③ 现场处置：根据事故情景，应对事故现场进行控制和处理。

④ 疏散安置：根据事故情景，应立即疏散、转移和安置危险波及范围内的相关人员。

⑤ 交通管制：根据事故情景，应建立警戒区域，实行交通管制，维护现场秩序。

⑥ 应急通信：根据事故情景，应采用多种通信方式，与相关人员进行信息沟通。

⑦ 事故监测：根据事故情景，对事故现场进行分析、观察、测定等，确定事故的影响范围、严重程度、变化趋势等。

⑧ 医疗卫生：根据事故情景，组织相关人员开展卫生监测和防疫工作。

⑨ 社会沟通：根据事故情景，及时召开新闻发布会或召开事故情况通报会，通报事故有关情况。

⑩ 事故原因调查：根据事故情景，应急处置结束后，应对事故现场进行清理、对事故原因进行调查、开展事故损失评估等。当演练结束后，应及时总结、发现应急演练中存在的问题，不断提高应急预案的科学性、实用性和可操作性。

2. 生产事故的紧急处理流程

步骤一：稳定现场秩序，及时上报领导。

步骤二：当发生事故后，班组长要站在最前面，稳定员工情绪，维护现场秩序。与此同时，要立即上报上级领导部门或单位，汇报时要表达清晰，说明事故发生的地点以及现场状况。

步骤三：采取急救措施。

步骤四：根据事故发生的性质，采取相应的急救措施。班组长要组织现场员工对伤者进行急救并立即拨打“120”;巡视整个事故现场,对现场进行初步勘查,查看事故现场的设备或作业情况。

步骤五:收集相关资料。

步骤六:向有关人员询问事故经过和原因,对事故的伤亡情况进行详细记录;结合对现场的勘查结果,制定事故调查报告,写明事故的基本情况及其相关的情况。

步骤七:分析事故原因。

步骤八:根据调查结果,分析事故发生的直接原因和间接原因,确定事故类别和责任人,上报领导并提出处理意见或建议。

步骤九:拟定改进措施,班组长应针对事故原因提出加强安全生产管理的具体要求。拟定改进措施,加大安全生产管理的培训力度。

步骤十:召开班组大会。班组长负责针对本次事故召开班组会议,分析本次事故的具体情况,公布处理结果,提出今后安全管理的重点,以此引起员工对安全问题的格外重视。

(五) 建立良好的安全台账

安全检查记录、安全活动记录是班组安全管理任务的一项非常重要的内容。安全台账不仅可以指导班组安全工作的开展,同时也是各类审核中最为关键的一项内容。因此,制作适合各自班组的台账,是班组管理中的必修课。在下面的图表中,我们给出了多种案例供读者参考。

图 2.4 为安全绿十字图,记录班组安全的日常状态。

在班组内,明确各岗位危险源并确定控制措施,为后续员工安全教育和班组安全活动提供安全管控的基础信息,具体示例见表 2.11。

表 2.11　岗位危险源辨识及控制措施

序号	岗位名称	岗位危险源	可能造成的事故或伤害	控制措施
1				
2				
3				
4				
5				
备注:班组危险源填写,请按照班组岗位填写				

根据安全检查标准及要求,每日对班组管辖区域内的安全状态进行检查,及时发现安全隐患,具体示例如表 2.12 所示。

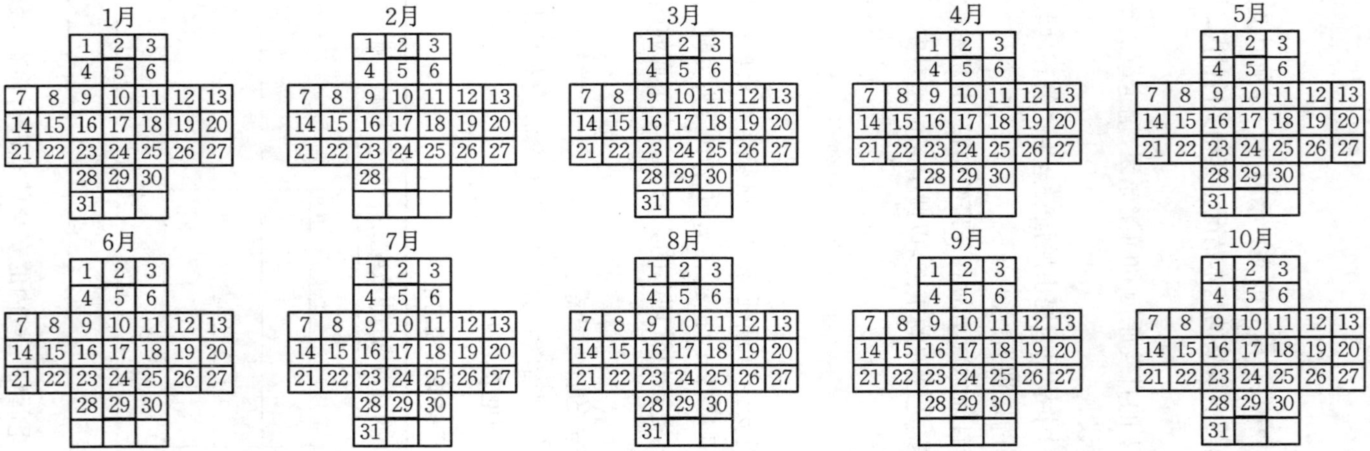

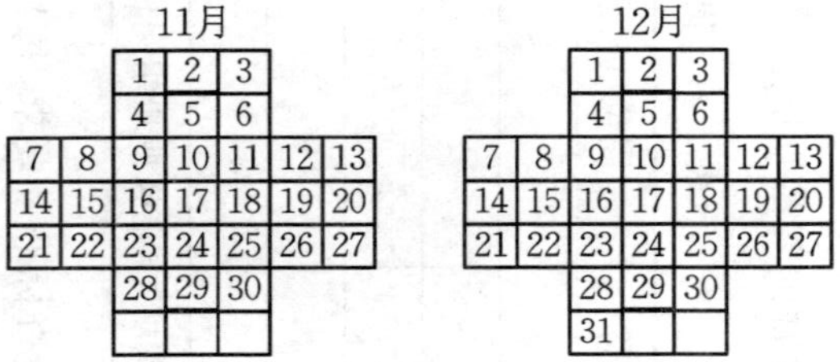

1月
1 2 3
4 5 6
7 8 9 10 11 12 13
14 15 16 17 18 19 20
21 22 23 24 25 26 27
28 29 30
31

2月
1 2 3
4 5 6
7 8 9 10 11 12 13
14 15 16 17 18 19 20
21 22 23 24 25 26 27
28

3月
1 2 3
4 5 6
7 8 9 10 11 12 13
14 15 16 17 18 19 20
21 22 23 24 25 26 27
28 29 30
31

4月
1 2 3
4 5 6
7 8 9 10 11 12 13
14 15 16 17 18 19 20
21 22 23 24 25 26 27
28 29 30

5月
1 2 3
4 5 6
7 8 9 10 11 12 13
14 15 16 17 18 19 20
21 22 23 24 25 26 27
28 29 30
31

6月
1 2 3
4 5 6
7 8 9 10 11 12 13
14 15 16 17 18 19 20
21 22 23 24 25 26 27
28 29 30

7月
1 2 3
4 5 6
7 8 9 10 11 12 13
14 15 16 17 18 19 20
21 22 23 24 25 26 27
28 29 30
31

8月
1 2 3
4 5 6
7 8 9 10 11 12 13
14 15 16 17 18 19 20
21 22 23 24 25 26 27
28 29 30
31

9月
1 2 3
4 5 6
7 8 9 10 11 12 13
14 15 16 17 18 19 20
21 22 23 24 25 26 27
28 29 30

10月
1 2 3
4 5 6
7 8 9 10 11 12 13
14 15 16 17 18 19 20
21 22 23 24 25 26 27
28 29 30
31

11月
1 2 3
4 5 6
7 8 9 10 11 12 13
14 15 16 17 18 19 20
21 22 23 24 25 26 27
28 29 30

12月
1 2 3
4 5 6
7 8 9 10 11 12 13
14 15 16 17 18 19 20
21 22 23 24 25 26 27
28 29 30
31

图例	故事类别	事故定义
绿	无事故	指未发生任何事故
红	损失工时事故	指所发生的伤害经过医院治疗处理后，经医生证明该伤害导致受伤者下一个工作日无法工作，但未达到肢体伤残的事件
橙	可记录事故	指所发生的伤害经医院处理后暂时难以继续原工作内容，但不损失第二个工作日的伤害事故
黄	急救事故	指经过医药箱药物或在医务室简单处理，不需要进一步去医院处理即可继续工作的伤害事故
蓝	险肇事故	指发生事故的条件已经具备，或虽然发生了事故，但未造成人员伤亡的事故

本月已发生：损失工时事故＿＿＿＿起；急救事故＿＿＿＿起。
本年已发生：损失工时事故＿＿＿＿起；急救事故＿＿＿＿起。
至今已经连续＿＿＿＿日，未发生损失工时事故

图2.4　班组安全绿十字

表 2.12　班组每日安全检查表

序号	安全检查标准及要求	检查频次	年　　月																															备注
			1	2	3	4	5	6	7	8	9	10	11	12	13	14	15	16	17	18	19	20	21	22	23	24	25	26	27	28	29	30	31	
1	员工的健康状况是否良好，工作时有无嬉笑打闹，行为规范是否符合企业或部门相关规定，个人情绪发生重大变化时，有无防范措施	每天																															
2	员工作业有无“三违”现象	每天																															
3	员工与进入本班组工作区域岗位的相关人员，是否了解并严格遵守劳防用品穿戴要求	每天																															
4	照明设施正常工作，开关正常	每天																															
5	各类物料堆放整齐有序，安全可靠	每天																															
6	工作区域清洁、有序、标识清楚	每天																															
7	设备及防护装置齐全可靠，紧急开关灵敏可靠	每周																															
8	消防器材正常、完全，消防器材箱前严禁堆放任何物品	每月																															
检查人签名																																		
说明：符合要求画√，不符合要求画×；违章人员登记可在备注中记录，整改完成情况由班长或车间安全工程师确认																																		

针对班组每日安全检查发现的安全隐患，填写整改记录，并追踪整改落实情况，确保隐患得到消除，人员受到教育。具体示例见表 2.13。

表 2.13　班组安全隐患整改记录表

序号	时间	地点	问题点或隐患内容	整改措施	责任人	完成时间	状态	整改确认人签名/日期
说明：整改完成情况由班长或车间安全工程师确认								

要求各班组结合自身特点组织演练，每年不少于 2 次，可与班组安全活动相结合。具体示例见表 2.14。

表 2.14　应急预案演练和评审记录表

应急预案名称			
演练时间		演练地点	
演练科目和方法			
参演人员签名			
演练记录	记录人：　　日期：		
演练后评审记录	评审意见： 评审人：　　日期：		

根据上级要求，结合班组自身安全建设的需求，开展形式丰富的班组安全活动，例如，应急演练、知识讲授、文件传达、案例分析等形式，每月不少于 2 次。具体示例见表 2.15。

表 2.15　班组安全活动记录表

<table>
<tr><td>活动日期</td><td></td><td>时间</td><td></td><td>地点</td><td></td><td>活动主题</td><td></td><td>活动主持</td><td></td></tr>
<tr><td rowspan="7">参加人员</td><td rowspan="4">签名
（含主持人）</td><td colspan="8"></td></tr>
<tr><td colspan="8"></td></tr>
<tr><td colspan="8"></td></tr>
<tr><td colspan="8"></td></tr>
<tr><td>应到人数</td><td></td><td>实到人数</td><td></td><td colspan="2">缺席人员名单及原因</td><td colspan="2"></td></tr>
<tr><td>补开时间</td><td></td><td>补开地点</td><td></td><td colspan="2">补开签名</td><td colspan="2"></td></tr>
<tr><td>备注</td><td colspan="8"></td></tr>
</table>

活动重点内容记录：

一、重点内容：

二、员工学习总结与感受：

学习内容：1. 总结评比半月或全月的安全生产工作情况，每月不少于两次；2. 传达上级文件、布置相关任务；3. 学习相关的资料和讨论事故案例；4. 查找危险源，开展危险预知活动；5. 针对某些隐患讨论整改措施；6. 事故受害者现身说法；7. 学习安全技术知识(管理知识)、安全技术操作规程或岗位作业指导书；8. 学习安全规章制度、标准、安全生产法律法规；9. 阅读安全杂志、报纸了解安全生产信息和新闻

第三节 班组的质量管理

一、班组质量管理的要求

(一) 智能制造时代下的质量要求

质量是一个企业生存、可持续发展、永远立于不败之地的根本。要做好质量管理工作,要从细微处入手,从每一个环节着手,形成人人讲质量、处处抓质量的良好氛围。品质经营、质量为魂,企业应统一全员质量意识,规范质量行为,养成良好质量习惯。

充分策划、识别风险、严格控制,第一次就将产品做好;自觉、自动、自主执行标准作业和流程,保证过程的一致性。生产过程中不接受、不传递、不制造缺陷产品,质量管理活动中不违反流程制度的要求。

质量是生产管理追求的目标之一。在智能制造时代,班组对质量的管理应遵循如下原则:

(1) 质量即符合要求

班组成员在制造产品的时候必须执行产品质量的标准,因为质量的定义就是符合要求而不是主观或含糊的"好、不错"等描述。

(2) 保证质量的系统是预防,而不是检验

因为检验是告知已发生的事情,当将不合格的产品挑选出来时,说明缺陷已经产生了,而预防是可以在制造产品的同时,发现潜在的质量问题,继而消除这些不符合产品质量的可能性。通过预防不仅可以保证工作正确完成,而且可以减少资源的浪费。

(3) 在产品质量面前必须追求"零缺陷",而不是所谓的"差不多就好"

在智能制造的制造技术背景下,很多生产是连续不间断的,因此质量的零缺陷才是形成良好质量的前提。若任何一环都以"差不多就好"为质量标准,那么很可能在完整的生产线上造不出合格的产品。举个简单的例子:若一条生产线有 10 个工位,各个工位的合格率为 95%。95%的合格率似乎达到了"差不多"的标准,但是整条产线一次生产合格率仅为 59.87%(计算公式为 95%连续相乘 10 次)。由此可见,"差不多就好"无法成为我们追求的质量标准。

（二）班组质量控制主要内容

（1）自我工序自我完结，实施区域质量责任制

以“我”为主，不等不靠，每位员工对自己工作、生产的产品质量负责，自我工序自我完结，向下一道工序交付合格产品。

（2）自检、互检要求

做好自检和互检的检查工作，共同把好质量关，不断改进和提高产品质量。自检是指生产者对自己所生产的产品，自行进行检验，并做出是否合格的判断。互检就是指生产工人相互之间进行检验。互检主要有：下道工序对上道工序流转过来的产品进行抽检；同一工序轮班交接时进行的相互检验。

（3）质量记录

认真做好各种质量记录，保证记录的真实性、完整性、准确性，禁止伪造质量记录。

（4）不合格品管理

严守不合格品管理“三不”原则，不接受、不传递、不制造缺陷产品。生产过程中做好不合格品的标志、隔离，防止非预期使用。

二、质量管理的控制工具

（一）质量保证与质量控制概念介绍

企业中的质量管理通常包含质量保证和质量控制两方面的内容。

（1）质量保证

质量保证活动涉及企业内部各个部门和各个环节。从产品设计开始到销售服务后的质量信息反馈为止，企业内形成一个以保证产品质量为目标的职责和方法的管理体系，称为质量保证体系，这是现代质量管理的一个发展标志。建立这种体系的目的在于确保用户对质量的要求和消费者的利益，保证产品本身性能的可靠性、耐用性、可维修性和外观式样等。

通俗地说，质量保证可以理解为合格率的传递。不论是在部门间，还是在客户与商户之间，产品质量都是关乎下一个环节的重要因素。因此，每个环节传递的标准，往往是产品的交付合格率。交付合格率的保证也往往离不开检测和返修部分。

（2）质量控制

为保证产品的生产过程和出厂质量达到质量标准而采取的一系列作业技术检查和有关活动，是质量保证的基础。质量控制是将测量的实际质量结果与标准进

行对比,并对其差异采取措施的调节管理过程。这个调节管理过程由以下一系列步骤组成:选择控制对象;选择计量单位;确定评定标准;制造一种能用度量单位来测量质量特性的仪器仪表;进行实际的测量;分析并说明实际与标准差异的原因;根据这种差异做出改进的决定并加以落实。

相对于质量保证,质量控制关注的是过程中的质量控制。最终交付的质量保证有时可以通过反复的检查和返修进行保证,但是却伴随着非常巨大的浪费。因此,作为精益生产的质量控制,其注重的是生产过程中通过严格的控制手段、严谨的实施流程保证生产或制造环节一次成功。

(二) 质量控制七大工具

1. 检查表

(1) 定义

检查表就是将需要检查的内容或项目一一列出,然后定期或不定期地逐项检查,并将问题点记录下来的方法,有时叫作查检表或点检表。例如,点检表、诊断表、工作改善检查表、满意度调查表、考核表、审核表、5S 活动检查表、工程异常分析表等。组成要素包括:检查的项目、检查的频度、检查的人员。

(2) 实施步骤

① 确定检查对象。

② 制订检查表。

③ 依照检查表项目进行检查并记录。

④ 对检查出的问题要求责任单位及时改善。

⑤ 检查人员在规定的时间内对改善效果进行确认。

⑥ 定期总结,持续改进。

(3) 注意要点

① 用在对现状的调查,以备今后做分析。

② 对需要带公差的情况,明确名称。

③ 确定资料收集人、时间、地点和范围。

④ 汇总统计资料,必要时对人员进行培训。

实践分享

发动机铸造不良情况检查表如表 2.16 所示。

表 2.16　发动机铸造不良情况检查表

项目	铸造质量不良		收集人		日期	2018 年 1 月 18 日	
地点	质量检验科		记录人		班次	全部	
废品数	1 月	2 月	3 月	4 月	5 月	6 月	合计
欠铸	224	258	356	353	332	223	1746
冷隔	240	256	283	272	245	241	1537
小砂眼	151	165	178	168	144	107	913
黏砂	75	80	90	94	82	72	493
其他	14	18	27	23	16	32	130
合计	704	777	934	910	819	675	4819

2. 层别法

（1）定义

层别法就是将大量有关某一特定主题的观点、意见或想法按组分类，将收集到的大量的数据或资料按相互关系进行分组，加以层别。层别法一般与柏拉图、直方图等其他七大工具结合使用，也可单独使用，例如，抽样统计表、不良类别统计表、排行榜等。

（2）实施步骤

① 确定研究的主题。

② 制作表格并收集数据。

③ 将收集的数据进行层别。

④ 比较分析，找出其内在的原因，确定改善项目。

（3）注意要点

① 确定分层的类别和调查的物件。

② 设计和收集资料的表格。

③ 收集和记录资料。

④ 整理资料并绘制相应图表。

⑤ 比较分析和最终推论。

实践分享

某动力维修部，在维修完设备后经常发生制冷液泄漏。通过现场调查，得知泄漏的原因有两个：一个是管子装接时，操作人员不同（有甲、乙、丙三个维修人员按各自不同技术水平操作）；二是管子和接头的生产厂家不同（有 A、B 两家工厂提供配件)。于是收集资料做分层分析,见表2.17、表2.18。根据表2.17、表2.18的分层类别,分析了应如何防止泄露。

表2.17 泄漏调查表(人员分类)

操作人员	泄漏(次)	不泄漏(次)	发生率	
甲	6	13	0.32	
乙	3	16	0.16	
丙	10	9	0.53	
合计	19	38	0.33	

表2.18 泄漏调查表(配件厂家分类)

配件厂家	泄漏(次)	不泄漏(次)	发生率	
A	9	14	0.39	
B	10	17	0.37	
合计	19	31	0.38	

通过表中所列数据可以判断出,在不同人员操作下,厂家不同但泄漏次数几乎相同,因此配件因素波动不大。但是在不同装配手法下,泄漏次数差异明显,则装配方式是主要的影响因素。

3. 柏拉图

(1) 定义

柏拉图的使用要以层别法为前提,将层别法已确定的项目从大到小进行排列,再加上累积值的图形。它可以帮助我们找出关键的问题,抓住重要的少数及有用的多数,适用于记数值统计,有人称为ABC图,又因为柏拉图的排序从大到小,故又称为排列图。

(2) 实施步骤

① 收集数据,用层别法分类,计算各层别项目占整体项目的百分数。

② 将分好类的数据进行汇总,由多到少进行排列,并计算累计百分数。

③ 绘制横轴和纵轴刻度。

④ 绘制柱状图。

⑤ 绘制累积曲线。

⑥ 记录必要事项。

⑦ 分析柏拉图。

(3) 注意要点

① 明确问题和现象。
② 寻找不良的情况统计资料。
③ 计算频率并累计。
④ 按频率从高到低的顺序排列。

实践分享

如表 2.19 所示，从表中可以看出目前需要解决的问题的首要顺序，形成图 2.5。

表 2.19　实例说明

项目	废品数(件)	频率(%)	累计频率(%)
欠铸	1746	36.23	36.23
冷隔	1537	31.89	68.12
小砂眼	913	18.95	87.07
黏砂	493	10.23	97.3
其他	130	2.7	100
合计	4819	100	—

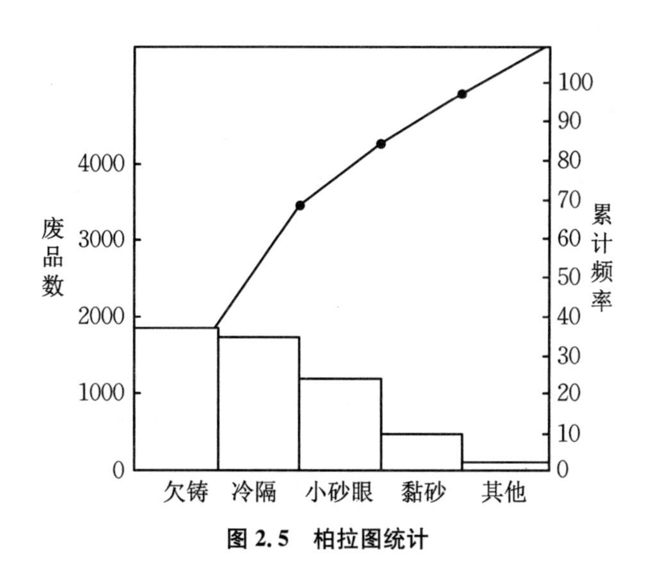

图 2.5　柏拉图统计

4. 鱼骨图

(1) 定义

所谓鱼骨图，又称特性要因图，主要用于分析品质特性与影响品质特性的可能原因之间的因果关系，通过把握现状、分析原因、寻找措施来促进问题的解决，是一种用于分析品质特性（结果）与可能影响特性的因素（原因）的一种工具。

(2) 实施步骤

① 成立因果图分析小组，以 3～6 人为宜，最好是各部门的代表。

② 确定问题点。

③ 画出干线主骨、中骨、小骨及确定重大原因。一般从 5M1E 即人（Man）、机（Machine）、料（Material）、法（Method）、测（Measure）、环（Environment）六个方面全面找出原因）。

④ 与会人员热烈讨论，分析得出主要原因、次要原因等，绘至因果图中。

⑤ 因果图小组要达成共识，把最可能是问题根源的项目用红笔或特殊记号标记。

⑥ 记入必要事项。

(3) 注意要点

① 充分组织人员全面观察，从人、机、料、法、环和测（测量方法）等方面寻找。

② 针对初步的原因，展开深层的挖掘。

③ 记录下组织部门人员、制造日期、参加人员。

实践分享

因果图示例如图 2.6 所示。

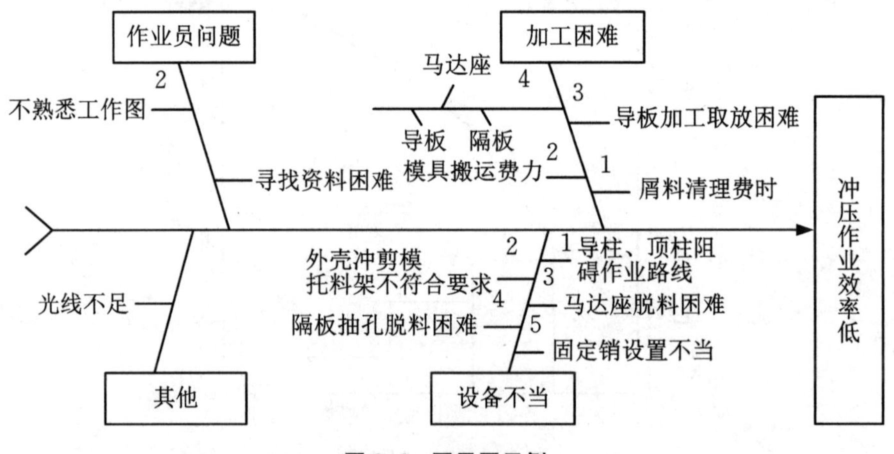

图 2.6 因果图示例

5. 直方图

(1) 定义

直方图是指针对某产品或过程的特性值，对 50 份以上的数据进行分组，并算出每组出现的次数，再用类似的直方图形描绘出来，又称柱状图或质量分布图。其作用是将无序的数据进行分类绘制后，判断和预测产品的某些特性，如稳定性、质量偏向等。

(2) 实施步骤

① 收集同一类型的数据，如产品质量、尺寸偏移量等。

② 计算极差(全距)：R＝测量最大值－测量最小值。

③ 设定组数 K(即直方条数量)，一般来说，对应 50～100 个样本，取 $K=5\sim10$；对应 100～250 个样本，取 $K=7\sim12$；对应 250 个样本以上，取 $K=10\sim20$；在班组质量控制中，我们常取 $K=10$。

④ 计算组距 h，组距 h＝极差 R/组数 K，也可以根据控制要求按照经验值设定。

⑤ 确定测量最小单位，即小数位数；

⑥ 求出各组的上、下限值：其中第一组的下限为测量最小值－(测量最最小位数×0.5)，上限为下限＋组距 h；第二组的下限为第一组的上限，上限为下限＋组距 h；以此类推。

⑦ 制作频数表即每个数组中出现的数据次数。

⑧ 按频数表画出直方图。

(3) 注意要点

① 确定过程特性和计量标准值。

② 收集数据，必须是计量值数据。

③ 针对一个时期范围至少收集 50～100 份数据。

④ 若直方图呈正常分布的山峰状，峰顶处于图形中间，两旁类似均匀分布，说明加工过程较为稳定。其余图形都可能存在加工过程中的偏差。

⑤ 若直方图呈山峰状，但山峰处于图形两边，说明加工方法出现了一定程度的偏差，有可能是操作过程和习惯出现了一些偏差。

⑥ 若直方图呈双峰状，说明很可能生产过程中存在不同批次的物料或多种操作方法。

⑦ 若直方图出现凹凸不平的山峰状，说明区间取值过小或测量仪器出现误差。

⑧ 若直方图出现平顶山的形状，说明可能存在多种材料混入、工具磨损、工况变差等情况，导致了生产过程质量不具备统一性。

实践分享

在表 2.20 中,我们测量出某零件的 100 个样本的质量。

表 2.20 某产品某零件质量

(单位:千克)

组数	样本									
1	43	28	27	26	33	29	18	24	32	14
2	34	22	30	29	22	24	22	28	48	1
3	24	29	35	36	30	34	14	42	38	6
4	28	32	22	25	36	39	24	18	28	16
5	38	36	21	20	26	20	18	8	12	37
6	40	28	28	12	30	31	30	26	28	47
7	42	32	34	20	28	34	20	24	27	24
8	29	18	21	46	14	10	21	22	34	22
9	28	28	20	38	12	32	19	30	28	19
10	30	20	24	35	20	28	24	24	32	40

按照步骤,计算以下的内容

① 计算极差(全距)$R=48-1=47$。

② 设定组数 K(即直方条数量),此处按一般用法取 $K=10$。

③ 计算组距 h,组距 $h=$极差 $R/$组数 K,即 $h=47/10=4.7$,为统计方便,可以四舍五入取 5。

④ 确定测量最小单位,即小数位数,此处没有小数点,因此最小数位为 1。

⑤ 求出各组的上、下限值。

其中第一组的下限为测量最小值-(测量最最小位数×0.5),即 $1-1\times0.5=0.5$,上限为下限+组距 h,即 $0.5+5=5.5$。

第二组的下限为第一组的上限 5.5,上限为"下限+组距 h",即 10.5;以此类推。

⑥ 制作频数表即每个数组中出现的数据次数(表 2.21)。

⑦ 按频数表画出直方图(图 2.7)。

若假设质量合格区间在 5.5~45.5,则直方图中可以知道不合格品为 4 个,总体分布较为稳定。

表 2.21　频数表

组别	0.5～5.5	5.5～10.5	10.5～15.5	15.5～20.5	20.5～25.5	25.5～30.5	30.5～35.5	35.5～40.5	40.5～45.5	45.5～50.5
个数	1	3	6	14	19	27	14	10	3	3

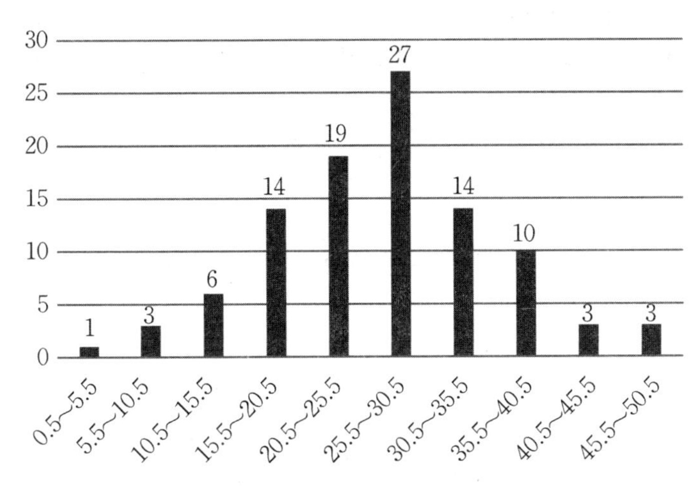

图 2.7　某产品零件质量直方分布图

6. 控制图

(1) 定义

控制图是用于分析和控制过程质量的一种方法。控制图是一种带有控制界限的反映过程质量的记录图形，图的纵轴代表产品质量特性值（或由质量特性值获得的某种统计量）；横轴代表按时间顺序（自左至右）抽取的各个样本号；图内有中心线（记为 CL）、上控制界限（记为 UCL）和下控制界限（记为 LCL）三条线。

控制图法就是这样一种以预防为主的质量控制方法，它利用现场收集到的质量特征值，绘制成控制图，通过观察图形来判断产品的生产过程的质量状况。控制图可以提供很多有用的信息，是质量管理的重要方法之一。

(2) 实施要点

① 按规定的抽样间隔和样本大小抽取样本。

② 测量样本的质量特性值，计算其统计量数值。

③ 在控制图上描点。

④ 判断生产过程是否有并行。

(3) 注意要点

① 根据工序的质量情况，合理地选择管理点。管理点一般是指关键部位、关

键尺寸、工艺本身有特殊要求、对下道工艺有影响的关键点，如可以选质量不稳定、出现不良品较多的部位为管理点。

② 根据管理点上的质量问题，合理选择控制图的种类。

③ 使用控制图做工序管理时，应首先确定合理的控制界限。

④ 控制图上的点有异常状态，应立即找出原因，采取措施后再进行生产，这是控制图发挥作用的首要前提。

⑤ 控制线不等于公差线，公差线是用来判断产品是否合格的，而控制线是用来判断工序质量是否发生变化的。

⑥ 控制图发生异常，要明确责任，及时解决或上报。

实践分享

控制图示例见图 2.8。上下界限控制的规定为我们反映过程质量提供了一个非常好的参照标准。

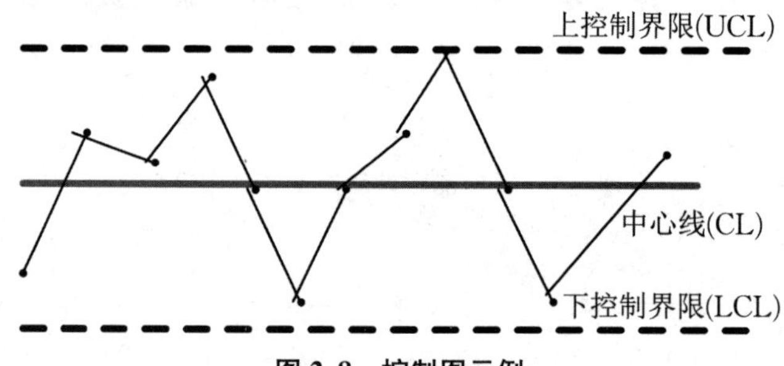

图 2.8　控制图示例

7. 散布图

(1) 定义

散布图法是指通过分析研究两种因素的数据之间的关系，来控制影响产品质量的相关因素的一种有效方法。在生产实际中，往往是一些变量共处于一个统一体中，它们相互联系、相互制约，在一定条件下又相互转化。将因果关系所对应变化的数据分别描绘在 $X-Y$ 轴坐标系上，以掌握两个变量之间是否相关及相关的程度如何，这种图形叫作“散布图”，也称为“相关图”。

(2) 实施步骤

① 确定要调查的两个变量，收集相关的最新数据，至少 30 组以上。

② 找出两个变量的最大值与最小值，将两个变量计入 X 轴与 Y 轴。

③ 将相应的两个变量，以点的形式标在坐标系中。

④ 计入图名、制作者、制作时间等项目。

⑤ 判读散布图的相关性与相关程度。

（3）注意要点

① 两组变量的对应数至少在 30 组以上，最好为 50 组至 100 组，数据太少时，容易造成误判。

② 通常横坐标用来表示原因或自变量，纵坐标表示效果或因变量。

③ 由于数据的获得常常因为 5M1E 的变化，导致数据的相关性受到影响，在这种情况下需要对数据获得的条件进行层别，否则散布图不能真实地反映两个变量之间的关系。

④ 当有异常点出现时，应立即查找原因，而不能把异常点删除。

⑤ 当散布图的相关性与技术经验不符时，应进一步检讨是否有什么原因造成假象。

实践分享

散布图示例见图 2.9。

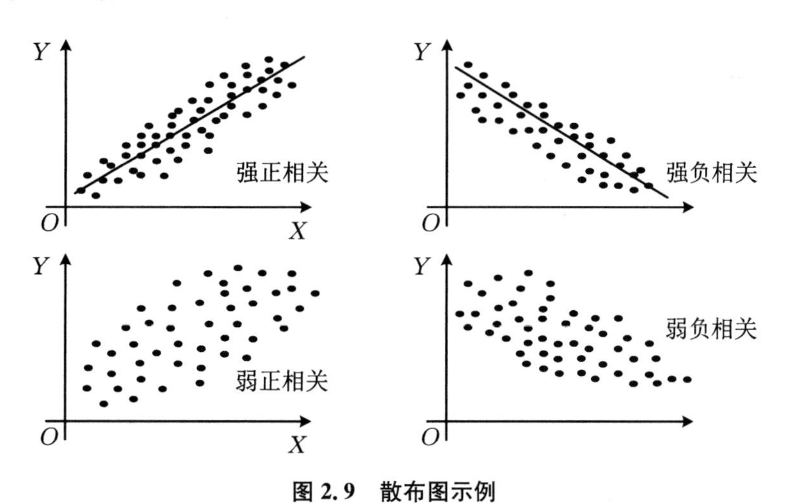

图 2.9　散布图示例

三、质量整体提升的方法

（一）班组质量控制提升措施

1. 提升班组质量管理意识

（1）树立全员质量管理参与意识

班组长要加强班组成员对“质量控制”的理论学习，让他们找到属于自己的方法；然后，班组长要让班组成员明白“如果我在这一道工序中的质量不合格，就会直接影响到下一道工序的正常生产，这样做的后果会让公司的信誉不保”；最后，经过这样的教导，班组成员的思想就会从“向我要质量”转变为“我要质量”，从而形成良好产品质量意识。

(2) 加强质量监控意识

作为班组长，当班组成员在生产中出现质量问题时，应及时对出现的问题进行剖析，为班组成员答疑解惑，并完善异常情况处理的机制，最后让每位成员都能清楚地了解自己在生产质量上存在的问题，从而能改进自己所生产产品的质量。通过改进，可以加大班组成员质量监控力度，最终让班组成员提高并巩固执行生产质量的标准，从而让班组成员树立质量监控的意识。

(3) 激发质量创新意识

班组长要经常开展质量控制(Quality Control，QC)活动，这样就可以充分调动班组成员的积极性，而且通过班组成员之间的信息交流可以使班组成员以后在生产质量上遇到问题时，可以自行解决，避免因暂停生产造成损失。总之，班组长要尽量安排一些优秀班组成员进行质量方面的探讨，这样做不仅可以激发班组成员在质量上的创新，而且会进一步激发广大班组成员的荣誉感和进取心。因此，班组成员之间多多交流是促进班组成员质量创新意识的一种重要手段。

2. 班组质量管理步骤

班组长在实施的时候，可以采用以下几个步骤：

(1) 建立推行零缺陷管理的组织

在推行零缺陷管理之前，班组长必须先得到企业领导认可，并且需要得到企业的保证。因为只有企业的领导认可了，才能动员全体班组成员接受零缺陷管理，而且企业领导也要亲自参加，这样班组成员才能自觉地参与到管理中。并且班组长要根据班组成员的意见，制定相应的制度，这样才能更好地促进全员参与。

(2) 确定零缺陷管理的目标

目标往往是很重要的，没有目标也就没有动力，班组长要让班组成员明白实行了零缺陷可以达到什么样的目标。且要让班组成员知道目标项目、评价标准和目标值。在达到这一目标时，班组长就要将实现目标的进展情况及时公布，但要注意其对班组成员的心理影响。

(3) 进行绩效评价

班组长应将绩效评价的权限交给班组成员，让他们了解自己确定的目标是否达到，然后对自己做出评议。实行零缺陷管理并不是斥责错误者，而是表彰那些在生产过程中没有出现质量缺陷者；通过建立表彰制度可以增强职工消除缺点的信心和责任感，从而使他们向零缺陷目标奋进。

（4）建立相应的提案制度

如果生产工人在制造产品的过程中出现了不属于因自己主观因素而造成的错误时（如生产工具、设备等原因），就可以向班组长指出导致错误的原因。如果这位生产工人能提出合理的建议，并且详细说明了改进的方案，班组长就应该和提案人一起研究讨论，看是否能应用到生产中。

3. 三检制

质量管理的三检制是指操作人员自检、员工之间互检和专职检验人员专检相结合的一种质量检验制度。三检制有利于调动员工参与企业质量检验工作的积极性和责任感，班组长要十分熟悉和掌握质量管理三检制的具体内容。

（1）自检

自检就是生产人员对自己所生产的产品，根据图纸、工艺和技术标准自行检验，并做出是否合格的判断。

自检要求生产人员对自己生产的产品具有高度负责的态度，应当充分、及时地了解自己生产产品的状况和质量，及时发现问题，寻找原因，并积极采取改进措施。这是员工参与质量管理的重要形式，它将为后面的质量检验打下了坚实的基础。

（2）互检

互检就是员工之间对产品进行相互检验，主要包括：下一道工序对上一道工序流转过来的在制品进行抽检，同一工序交接班时进行相互检验，班组质检员或班组长对本班组员工加工的产品进行抽检等。

互检不仅可以防止不良产品的延续，实现相互监督、共同进步，而且可以提高员工的团队合作能力，加强员工之间的相互交流。

（3）专检

专检就是由专业质检人员进行的检验，是标准、权威的检验，是自检和互检不能替代的。专业检验人员比一般员工要熟悉产品技术要求，其工艺知识和经验丰富，检验技能熟练，效率较高，检验结果正确、可靠。

由于专业检验人员的职责约束，以及与受检对象的质量无直接利害关系，其检验过程和结果客观、公正，是对产品质量最有力量的检验，所以，三检制必须以专业检验为主导。

4. 现场质量控制要领

（1）做好设备管理

① 设计质量检测程序或设备本身具有自动检测装置。

② 使机器设备保持良好的运作状态。

③ 使用设备的人员必须进行日常点检、设备清洁及定期点检等工作。

④ 设备点检的方法要详细地记录在点检表上。

⑤ 根据点检表内容将点检结果记录在点检表上。

⑥ 将设备维修情况及时记录在维修履历上。

(2) 做好质量控制过程

① 使每一道工序都成为质量控制点。

② 在可行的条件下,在每一个产品部件生产出来或每一项服务开展后即刻进行检测。

③ 不能即刻进行检测时,应将作业的质量绩效尽快地直接反馈给具体作业人员。

(3) 做好组织管理

① 授权给每一个员工,一旦发现有质量问题,可以停止生产,直到质量问题得到解决。

② 每一个作业小组对其作业范围内的质量缺陷负责,并予以纠正。

③ 将可纠正的质量缺陷问题反馈给产生该质量缺陷的作业人员,而不是交给其他人员来返工。

④ 应给予足够的时间来确保正确完成作业。

⑤ 在可行的条件下,生产系统中人员与设备的作业布局采用流程式作业。

⑥ 组织作业人员采取质量环或团队工作方式。

⑦ 加强员工质量培训常态化。

(4) 做好产品质量日常检查管理

为了使员工重视质量管理,提高班组的产品质量,降低班组的生产成本,班组长必须加强产品质量的日常检查管理。

产品质量的日常检查管理与班组的工作现场、生产操作、设备维护、质量保管、厂房安全卫生、自检以及外协厂商质量管理检查等因素有关,因此,要想做好产品质量日常检查管理,需要做好以下方面的检查管理:

① 工作现场检查:检查执行的频率根据具体情况而定。最低频率为每个月1次;正常情况下,执行频率为每周1次,每次检查2~3人;新进员工开始时,执行频率相对会高一些,等到他们熟练之后,便依照正常的执行频率开展;一些特殊、重大的工作则视情况而定。

② 生产操作检查:对班组现场操作人员日常的生产操作进行监督和检查,一般依照每周3次、每次检查2人的频率进行。

③ 设备维护检查:检查班组日常生产作业中的设备维护情况,一般检查频率为每周2次,每次2~3台设备。

④ 质量保管检查:制定质量保管检查表,针对原料、加工品、半成品、成品等进行质量保管情况检查,一般检查频率为每周1次。

⑤ 厂房安全及“5S”检查：检查班组日常生产作业中的厂房安全及“5S”情况，确保安全措施到位及“5S”管理良好，检查频率至少每周1次。

⑥ 自主检查：了解现场操作人员的自主检查情况，一般每2～3天对每个检查站进行一次检查，并视情况调整。

（二）班组QC小组活动

1. QC小组的概念

20世纪90年代，国家经贸委、财政部、中华全国总工会、共青团中央、中国科协、中国质量管理协会联合颁发的《印发〈关于推进企业质量管理小组活动意见〉的通知》中对QC小组作了定义：QC小组是“在生产或工作岗位上从事各种劳动的职工，围绕企业的经营战略、方针目标和现场存在的问题，以改进质量、降低消耗、提高人的素质和经营效益为目的而组织起来，运用质量管理的理论和方法开展活动的小组”。

2. QC小组的类型

（1）现场型QC小组

现场型QC小组是以稳定工序质量、提高产品质量、降低物资消耗和改善生产环境为目的而组成的小组。其主要成员以现场员工为主，这类小组所研究的课题难度比较小，问题集中，活动周期短，容易出成果。

（2）攻关型QC小组

攻关型QC小组大多由管理人员、工程技术人员及普通员工三方面人员组成。这类QC小组所研究的课题难度一般较大，活动周期比较长，可以跨班组、跨单位组合。

（3）管理型QC小组

管理型QC小组是以提高管理水平和工作质量为目的而组建的质量管理小组。它的成员以管理人员为主，通常以提高工作质量、管理效率等为课题开展活动。比如，企业今年制定的质量目标是将产品合格率提高到95%，这就需要一个合适的管理型QC小组。

（4）服务型QC小组

服务型QC小组以提高服务质量，推动服务工作标准化、程序化、科学化，提高经济效益和社会效益为目的，主要由从事服务性工作的员工组成。这类小组多以如何提供优质服务、加快资金周转和开展多功能服务等内容为课题，活动周期有长有短。

3. QC小组的组成及职责

（1）QC小组的组成

一个QC小组的成员以4～10人为宜，而且一个人可同时参加多个QC小组。

一个 QC 小组里既有一线员工,又有管理人员和领导,这是最好的组成形式。小组的组长要由成员共同推举产生。

(2) QC 小组组长的职责

抓好质量教育,组织小组成员学习有关业务知识,不断提高小组成员的质量意识和业务水平;组织小组成员制订活动计划,进行工作分工,并带头按计划开展活动;经常组织召开小组会议,研究解决各种问题,做好小组活动记录,并负责整理和发表成果;负责联络协调,及时向上级主管部门汇报小组活动情况,争取支持和帮助。

4. QC 小组活动实施

(1) 选择课题

依据企业方针目标和中心工作,仔细查找生产现场存在的薄弱环节,结合用户或下道工序的需要进行选择:

① 安全生产。

② 提高质量。

③ 降低成本。

④ 设备管理。

⑤ 提高顾客(用户)满意率。

⑥ 治理"三废",改善环境。

⑦ 提高工时利用率和劳动生产率,加强定额管理。

(2) 对现状进行调查

调查现状是为了更加了解课题的状况。调查时应根据生产现场的实际情况,现场观察测量,对现状调查取得的数据要进行整理分析,以掌握问题的实质。

(3) 确定目标值

课题选定后,应确定合理的目标值。目标值的确定要注重目标值的定量化,使小组成员有明确的努力方向,便于检查,活动成果便于评价;注重实现目标值的可能性,既要防止目标值定得太低,小组活动缺乏意义;又要防止目标值定得太高,久攻不克,使小组成员失去信心。

(4) 分析原因

对调查后掌握到的现状,要发动全体组员动脑筋、想办法,依靠掌握的数据,集思广益,选用适当的 QC 工具(如因果图、关联图、系统图、相关图、排列图等)进行分析,找出问题的原因。分析原因要展示问题的全貌、分析原因要彻底,要正确、恰当地运用统计方法。

(5) 找出主要原因

组长要将多种原因列举出来,按照其重要程度进行排列,从中找出主要原因。

在寻找主要原因时,可根据实际需要应用关联图、相关图、矩阵分析、排列图、分层法等不同分析方法。把因果图、系统图或关联图中的末端因素收集起来,在末端的因素中看看是否有不可抗拒的因素,并对末端因素逐条确认。

(6) 制定措施

主要原因确定后,可制定相应的措施,明确各项问题的具体措施,制定措施表。措施表中包含要达到的目标、谁来做、何时完成以及检查人。

(7) 实施措施

按措施计划分工实施。小组长要组织成员定期或不定期地了解计划的实施情况,随时了解课题进展,发现新问题要及时研究、调查,以达到活动的目的。

(8) 检查效果

措施实施后,应将实施效果与措施实施前的情况进行对比,计算经济效益,判断是否达到了预期目标。如果确定实施后的效果达到了预定的目标,就可以进行下一步工作了。如果没有达到预期目标,应对计划的执行情况及其可行性进行分析,找出原因,改进措施,重新实施新的措施。

(9) 制定巩固措施

达到了预定的目标值,说明该课题已经完成。但为了保证成果得到巩固,小组必须将一些行之有效的措施或方法纳入工作标准、工艺规程或管理标准,经有关部门审定后纳入企业有关标准或文件。如果课题的内容只涉及本班组,那就可以通过班组守则、岗位责任制等形式加以巩固。在取得效果后的巩固期内要做好记录,进行持续统计。

(10) 分析遗留问题

小组通过活动取得了一定的成果,也就是经过了一个 PDCA 循环(戴明环)。这时应对遗留问题进行分析,并将其作为下一次活动的课题,进入新的 PDCA 循环。

(11) 总结成果

小组对活动的成果进行总结,是自我提高的重要环节,也是成果发表的必要准备,还是总结经验、找出问题进行下一个循环的开始。应认真总结此次活动取得的有形成果、无形效果、不足之处以及尚需解决的问题。

以上步骤是 QC 小组活动的全过程,体现了一个完整的 PDCA 循环。

实践分享

某汽车生产制造企业 QC 小组攻关项目

一、课题选择

某汽车企业某车型研制阶段共计生产了 28 台车,其中有 15 台车后轮外倾角不合格,故障率达到53.57%,四轮定位达不到要求。四轮定位作为各大主机厂重点控制的关键参数,如果控制不好,将会带来车辆跑偏、轮胎偏磨、车辆抖动等一些非常严重的售后问题。因此,企业领导要求投入专人专项攻关后轮外倾角不合格问题。

二、组建QC小组

小组成员基本情况如表2.22所示。

表2.22 QC小组基本情况

小组名称	雷动小组	带头人	唐××
课题名称	后轮外倾角不合格攻关项目		
课题类型	攻关型		
注册日期	2019.4	活动时间	2019.4~2019.12
活动次数	8	出勤率	100%

小组成员情况

序号	姓名	性别	文化程度	岗位	部门	组内职务
1	唐××	男	硕士	质量部部长	质量部	组长
2	王××	男	本科	质量改进科科长	质量部	副组长
3	刘××	男	本科	工程师	质量部	副组长
4	李××	男	本科	工程师	产品管理部	组员
5	孙××	男	本科	工程师	生产技术部	组员
6	王××	男	大专	整车检验班组长	质量部	组员
7	曾××	男	本科	三坐标检测班组长	质量部	组员
8	胡××	男	本科	工程师	焊装部	组员
9	尤××	男	本科	工程师	采购部	组员
10	李××	男	本科	工程师	总装部	组员

三、制订行动计划

小组成员制订阶段性工作计划,如表2.23所示。

表 2.23　QC 小组行动计划表

活动计划								
阶段		活动计划	计划进度 - - - →			实际进度 ——→		
			4月	5月	6月	7月	8月	9～12月
A P C D	P	选题理由						
		现状调查						
		设定目标						
		原因分析						
		要因确认						
		制定对策						
	D	对策实施						
	C	效果验证						
	A	巩固措施						

四、对现状进行调查

对现状进行调查分析，绘制故障率趋势图，具体如图 2.10 所示。

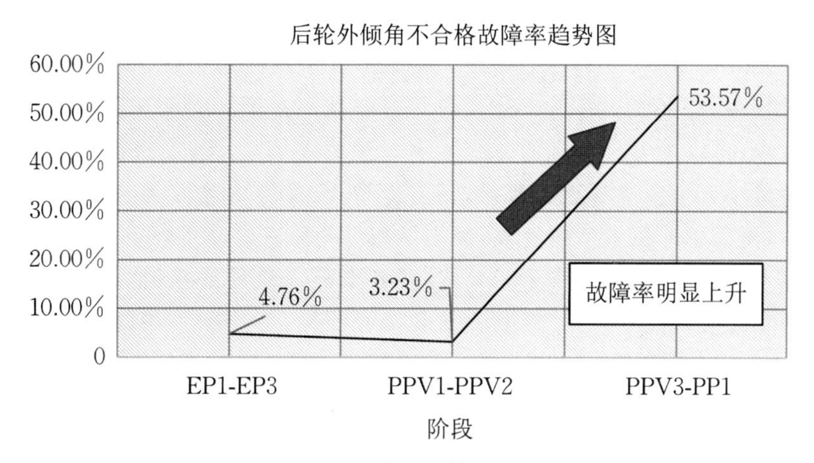

图 2.10　现状调查情况分析图

① 故障率高，无返修方案（只能更换后悬架总成），返修一台车需要 4 小时。
② 检测线为瓶颈工序（20JPH），如此高的故障率将严重影响企业产能。

五、确定目标值

2019 年 8 月底：故障率≤2%，达到一流自主品牌水平。
2019 年 12 月底：故障率≤0.5%，达到行业领先水平。
目标值如图 2.11 所示。
目标可行性分析：
① 集团内部有丰富的资源及很多类似的成功案例。

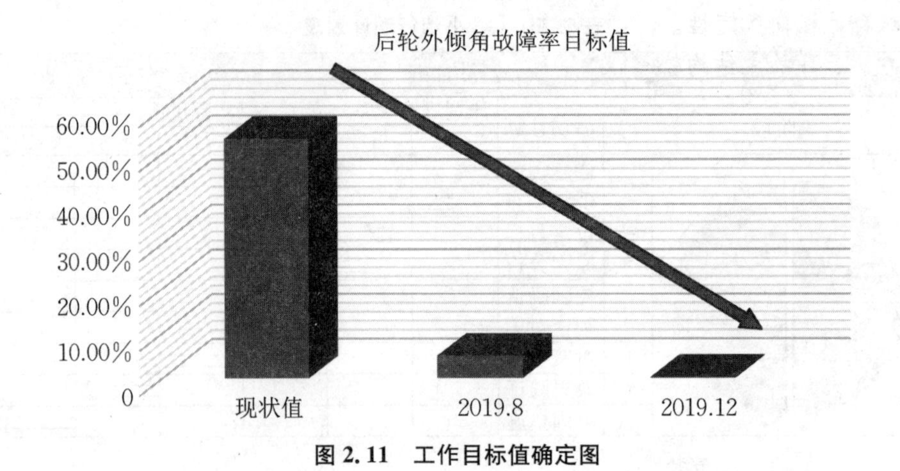

图 2.11 工作目标值确定图

② 我们的团队凭借丰富的经验及不懈努力，一定能够找到问题的解决方法。

六、分析原因

在现代汽车中，由于悬架和车桥（具体总成示意图如图 2.12 所示）比过去坚固，加上路面平坦，所以，采用正外倾角的轿车越来越少。而采用零或负外倾角的车越来越多，借以改善转弯时的稳定性和行驶的平顺性。在负外倾角的轿车转弯时外倾角减小。当轿车高速转弯时，离心力增大，车身向外倾斜加大，产生更大的正外倾角，从而使外侧悬架超负载，加剧了外侧轮胎变形。外侧轮胎与地面接触处的内外滚动半径不同，外侧小于内侧，这不仅加剧了轮胎磨损，也会使转向性能降低。采用零或负外倾角，可使内外侧滚动半径相近，使轮胎内外侧磨损均匀，提高

图 2.12 汽车悬架和车桥总成示意图

了车身的横向稳定性。

后悬挂总成结构较复杂，后轮外倾角影响因素多，根据理论分析，绘制鱼骨分析图，如图2.13所示。

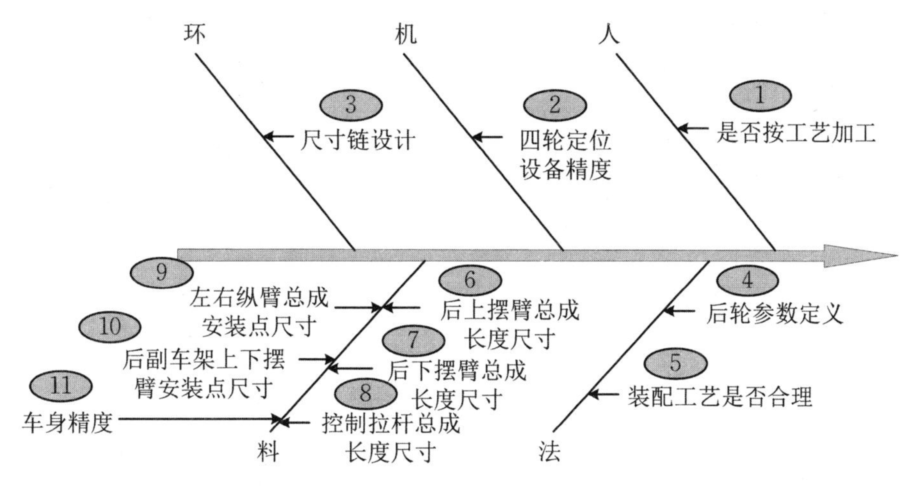

图2.13　原因分析鱼骨图

七、找出主要原因

(1) 确认是否按工艺要求操作，具体分析过程如表2.24所示。

表2.24　工艺分析过程

末端因素1	是否按工艺要求操作		
验证时间	2019年4月25日	负责人	孙×、李×
确认标准	作业指导书		
确认方法	现场核验		
论证过程	通过现场检查，现场员工严格按照工作要求进行操作，同时员工对作业指导书的内容能够熟记于心		
论证结论	非要因		

(2) 确认尺寸链设计，分析过程如图2.14所示。

校核结果显示，所有零部件均在合格范围内且按正态分布，合格率只能达到94.57%。

结论：尺寸链设计不合理，需要优化。

(3) 确认后轮参数定义。

项目 B20A 编制 审核 日期	计算区域	DTS编号： DTS名称：			报告编号：			
		理论值	下差	上差	+/−	W/I	测量类型	
		0.00			1.30			

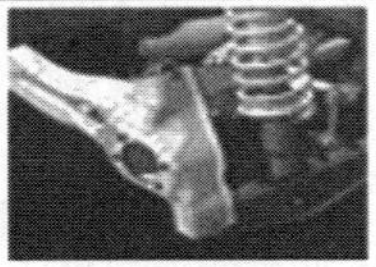

序号	零件/工艺	描述	公差来源	公差估计			%贡献率
				下差	上差	+/−3σ	
1	白车身	副车架安装面与后纵臂总成安装面相对位置（功能尺寸前提下）	典型公差			1.20	36.27%
2	副车架	后悬上摆臂安装点相对副车架安装面相对位置	典型公差			0.50	6.30%
3	副车架	后悬下摆臂安装点相对副车架安装面相对位置	典型公差			0.50	6.30%
4	后悬上摆臂	后悬上摆臂两安装点相对位置	典型公差			0.80	16.12%
5	后悬下摆臂	后悬下摆臂两安装点相对位置	典型公差			0.80	16.12%
6	左后纸臂总成	后悬上摆臂安装点相对左后纵臂总成安装面相对位置	典型公差			0.50	6.30%
7	左后纵臂总成	后悬下摆臂安装点相对左后纵臂总成安装面相对位置	典型公差			0.50	6.30%
8	左后纵臂总成	车轮安装面相对上下摆臂安装点偏差	典型公差			0.50	6.30%
9							
10							
11							
12							
13							
14							

序号	假设：
1	零件均为刚性且按±σ和名义中心正态分布
2	所有的特征均在给定的公差带和过程能力范围内
3	贡献率是按照集合线性计算的（另有说明除外）
4	不考虑焊接变形、热膨胀、弯曲回弹
5	斜体为输入内容
结论及建议	

结果	
均值偏移＝	N/A
3σRSS 仿真结果＝	±1.99
4σRSS 仿真结果＝	±2.66
极限法＝	±5.30
%超差＝	5.03%
状态＝	Red
合格率＝	94.97%

状态说明：
Green=0~5%
Red≥5%

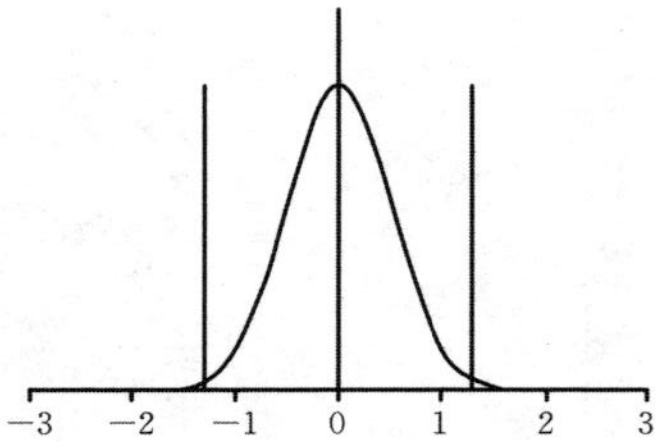

图2.14 尺寸链设计分析过程

① 参数定义：产品定义的参数是在整车满油液状态下的参数，标准为－15±30′。

② 理论计算：现场实车状态为汽油未加满的状态(10%)，经过理论计算，两种状态下，整车整备质量相差 40 kg，若将油液加满，外倾角会整体变小 10′。

③ 实车验证：为了进一步确认，我们针对两种状态外倾角数据用 10 台车进行了验证，测量结果与理论计算一致。

结论：后轮参数定义不合理，产品定义整车状态与现场实车状态不一致，需对后轮外倾角参数进行重新定义。

(4) 确认装配工艺。

① 前期将 VIN168 车辆拆解后重新按原工艺进行装配，其外倾角有明显的变化(25.2′增大为 34.8′)。

② 针对 VIN168 等 10 台故障车辆，对标广州工厂装配工艺重新调整装配方式后，其后轮外倾角由 25.2′减小为－1.2′。具体装配验证情况如表 2.25 所示。

表 2.25　装配验证情况

装配验证	VIN168	VIN167	VIN168	VIN169	VIN180	VIN181	VIN192	VIN193	VIN201	VIN202
初始值(不合格)	25.2	15.6	17.4	19.2	19.8	17.4	18.6	18	17.4	19.2
调整装配顺序后	－1.2	－3.6	3.6	3.6	1.2	－3.6	－8.4	1.8	3	－0.6

结论：装配工艺不合理，装配先后顺序对后轮外倾角影响较大，需对工艺进行优化，保证装配一致性。

经过以上主要原因的排查，最终主要原因确定为：装配工艺不合理、尺寸链设计不合理、车身精度不合格、后轮参数定义不合理。主要原因分析过程如图 2.15 所示。

八、制定措施

具体措施如表 2.26 所示。

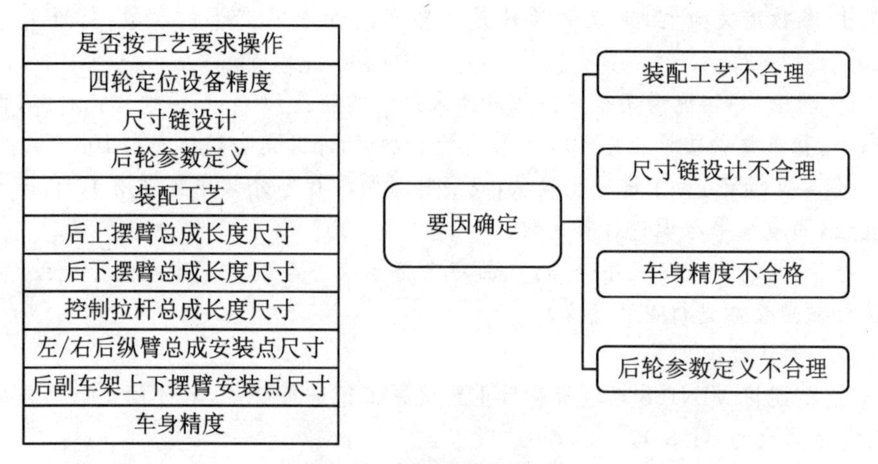

图 2.15 主要原因分析过程

表 2.26 具体措施汇总表

序号	要因	措施	完成日期	负责人
1	装配工艺不合理	优化工艺，调整装配拧紧顺序	2019.7.10	孙××
2	尺寸链设计不合理	对上摆臂总成及后副车架公差优化	2019.8.10	李××
3	车身精度不合格	调整焊接位置及焊接工艺	2019.10.15	胡××
4	后轮参数定义不合理	进行理论计算，模拟油液加满状态并验证，对后轮外倾参数重新定义	2019.12.8	李××

九、实施措施

通过对故障车重新装配及调整螺栓拧紧顺序的验证，确认装配工艺对外倾角有较大的影响，参考广州公司现用工艺，制定了以下方案。装配工艺示意图 1 如图 2.16 所示。

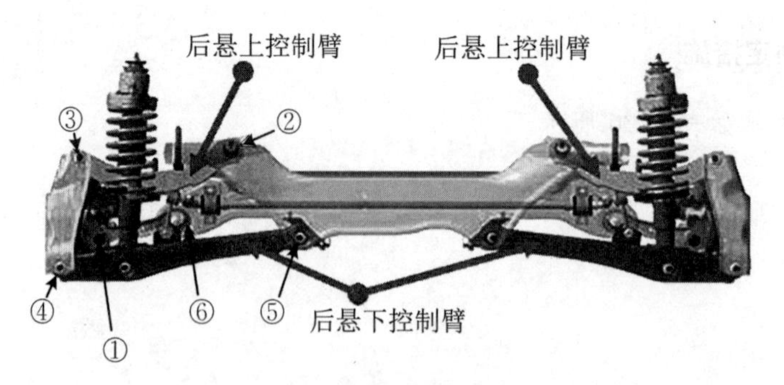

图 2.16 装配工艺示意图 1

1. 调整前装配工艺

(1) 将螺栓依次全部穿入，将控制拉杆偏心螺栓⑥保持在左右方向中间位置。

(2) 从5开始依次按顺时针拧紧：⑤—①—④—③—②。

2. 优化验证装配工艺

装配工艺示意图2如图2.17所示。

(1) 将螺栓依次全部穿入，预紧①。

(2) 调整偏心螺栓⑥，将圆孔置于副车架外侧，依次拧紧②—③。

(3) 调整偏心螺栓⑥，将圆孔置于副车架内侧，依次拧紧④—⑤。

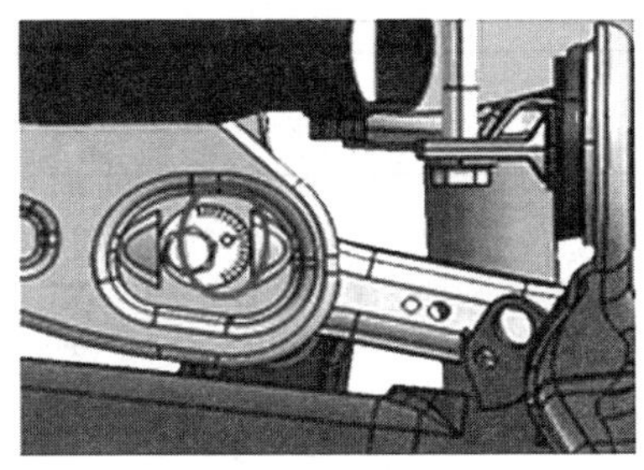

副车架外侧

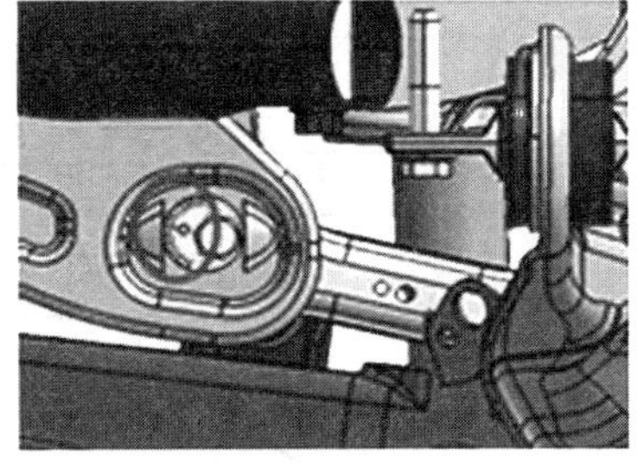

副车架内侧

图2.17　装配工艺示意图2

3. 工艺调整实施效果验证

工艺调整实施效果验证数据如表2.27所示。

表2.27　工艺调整实施效果数据表

车型		平均值		故障率	
措施	阶段	左后外倾角	右后外倾角		
未采取措施	PPV3—PP2	16′	2.76′	53.57%	15/28
工艺调整(PP2后7台MT)	PP2—PP3	6′	−5.12′	8.33%	2/24

4. 工艺调整后的效果

(1) 故障率明显下降，故障率由53.57%降低至8.33%。

(2) 前期无法返修车辆，也可以通过调整拧紧顺序的方式进行返修，返修工时大幅度减少，一台车返修工时由4 h/人降低至0.5 h/人。

5. 设计尺寸公差优化

(1) 根据现场200台实测后轮外倾数据统计，偏大范围为5′～10′。

(2) 零件及车身均符合图纸要求。

(3) 工艺已经优化并已按要求实施。

十、效果验证

整改结果数据趋势图如图 2.18 所示。

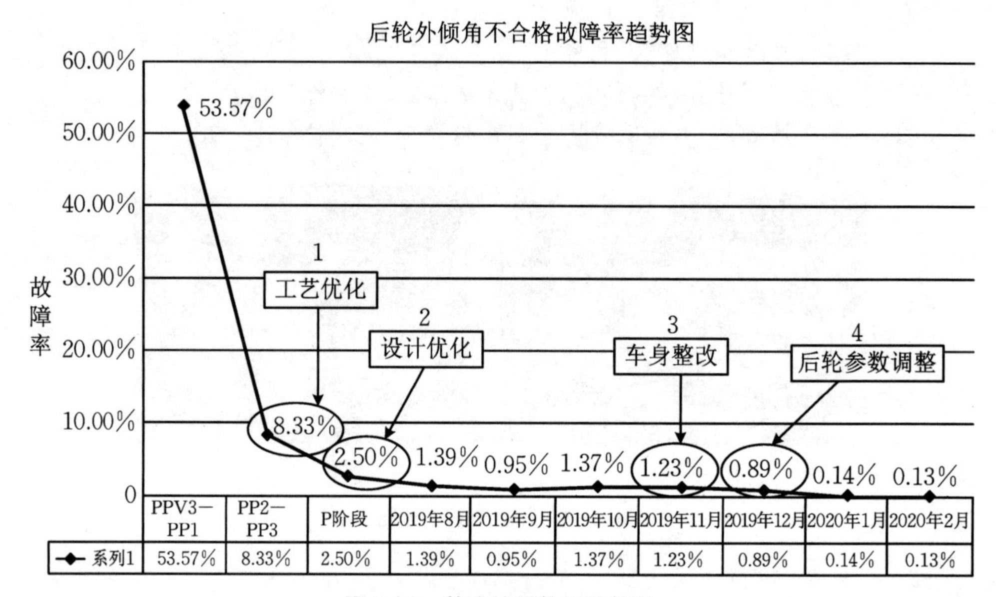

图 2.18　整改结果数据趋势图

经过 4 轮持续整改,该攻关项目已经连续达标 2 个月。

通过 QC 小组成员的共同努力,小组对改进后的有形价值和无形价值进行了详细的分析,分别如下:

1. 有形价值

(1) 按照公司相关制度计算,平均一台车返修需要 1 人,工时约 4 h。

(2) 人工工时:25 元/小时,前期故障率:53.57%,目前故障率:0.89%。

(3) 年度产量:5 万台/年。

(4) 节约人工工时费用:50000×(53.57－0.89)%×1×(4－0.5)×25＝2634000 元。

2. 无形价值

(1) 增强小组成员的创新意识,激励成员间相互学习。

(2) 攻克了一项技术难题,提升了小组分析和解决问题的能力,增强了大家的团队精神。

(3) 降低了不良返修率,有效缓解了检测线的产能节拍吃紧的问题,为企业产能爬坡做出了巨大的贡献。

十一、制定巩固措施

将技术文件标准进行了固化,具体如下:

(1) 后悬分装工艺岗位说明书。

(2) 更新后副车架图纸。

(3) 更新上摆臂图纸。

(4) 后轮参数调整技术通知书。

(5) 车身螺纹管工艺路线调整通知书。

(6) 返修作业指导书。

十二、总结成果

通过合作攻关,小组综合素质得到了提升;通过QC工具的运用,外倾角尺寸链模型建立及校核、再结合统计学的科学方法深入检讨,小组成员深刻认识到:只有不断研究才能解决问题!

第四节　班组的效率管理

一、班组日常工作任务

在智能制造时代,班组的基本任务还是生产活动。生产活动的效率决定了企业的基本工作效率。因此,班组的工作内容安排更需要井井有条、高效节能地进行,才能提高企业的工作效率。智能制造时代下的班组日常工作计划和设备基础保养计划是班组日常工作的指导方针,其制定与执行将直接影响班组的日常工作效率。

(一) 班组日常工作计划

1. 生产任务

班长参加车间生产会议,领取当天生产任务,明确生产型号及数量,生产节点变化等信息;会后将生产任务传达至区域生产小组组长。

2. 生产前准备

确定当天的生产任务。首先确定要生产的产品型号、计划数量后,按人、机、料、法、环的顺序,须做以下准备,如表2.28所示。

表 2.28　生产前准备内容

项目	准备内容
人	1. 根据生产任务情况确定需要的人员数 2. 根据现有人员情况，如是否有请假等情况确定是否需要增补人员 3. 若需补员则向厂部申请给予调配
机	1. 确认生产所需的设备状况良好 2. 确认生产所需的工装、夹具、辅助工具齐备
料	1. 对需投产的物料情况进行检查 2. 预先做好零件质量投放前检查，若有问题则预先进行处理
法	1. 查阅投产的型号是否有特殊要求，是否需要再做准备 2. 确定生产的重要控制工序和重点控制内容、方法 3. 准备好生产所需的生产操作指导卡及安全操作规程
环	1. 下班前对生产物料及产品进行清理，并做好相应的标记 2. 对用料等按定置要求放置好，做好标记和防尘加盖 3. 下班前做好生产现场的卫生清扫

3. 班前会

生产启动前，班长组织管辖区域生产小组组长召开班前会，对当天生产进行布置，具体如下：

(1) 班会前准备

① 准备笔和班前、班后会记录本。

② 准备好当天早会的要点。

③ 自检穿戴是否整齐。

班会前步骤和内容如表 2.29 所示。

(2) 召开班会其他注意事项

① 无特殊生产任务或其他重点工作安排，控制在 10 分钟左右。

② 讲话声音要洪亮(70 分贝以上)，语言通俗易懂，语调应抑扬顿挫，语气应亲和有力。

③ 任务分配应明确，问题分析应透彻。

4. 班后会

下班前，班长召集组长召开班后总结会，会后组长召集本生产小组员工班后总结会，参照班前会步骤，对当天生产情况进行总结，对安全、质量、设备、成本管理及企业重要信息进行总结陈述，强调上、下班交通安全。

根据日事日毕、日清日高的原则，要求班组长每天总结当天的生产情况，对生产中出现的问题应及时采取相应的对策。通过这种不断总结、不断改进的方式来强化班组管理。

表 2.29　班前会步骤和内容

班前会内容	时间	注意点
步骤一:检查员工出勤及穿戴情况	10 秒	
步骤二:问候,内容可以是“大家好”或“早上好”“晚上好”	5 秒	须面带微笑
步骤三:若有新进员工,须将新员工介绍给大家	1 分钟	
步骤四:班长组织带领员工宣读企业愿景、企业使命、核心价值观、企业精神	1 分钟	
步骤五:总结前一天生产的情况。内容包括:前一天生产的产品型号,计划达到的产量及质量要求,实际达到的产量及质量情况	1 分钟	描述前一天的生产情况,应尽量采用数据来描述
步骤六:对前一天出现的问题进行剖析(从人、机、料、法、环等方面)	2 分钟	应对事不对人,若须提出批评,应私下向当事人提出
步骤七:对前一天表现较为突出的员工给予口头表扬。内容可以是前一天产量及质量较为突出的员工,或有效制止某一重大事故发生,或好人好事等	1 分钟	在描述时应尽量采用详细的数字说明,特别是在产量及质量上
步骤八:公布当天生产计划及任务分配,并提醒应注意的几个要点	2 分钟	
步骤九:传达企业及部门的指示	1 分钟	
步骤十:征求班组成员是否有意见发表	1 分钟	
步骤十一:早会结束并致结束词,内容可以是:“早会结束,谢谢大家!”	10 秒	同样须面带微笑并作 30°鞠躬

(1) 工作数据维护

① 对当日生产产品的产量和过程质量状况进行初步统计,检查是否达标。

② 检查当日计划中的各类事项完成情况,原则上要求当日的事情当日完成。

③ 巡视生产现场,看当日的工作是否还存在遗漏,是否需要补缺。

④ 检查明日生产准备情况(准备内容见生产组织部分的生产前准备)。

⑤ 检查各生产小组员工是否做好产品及零件的防尘加盖。

⑥ 检查各生产小组电源、气源、水龙头等是否关闭。

⑦ 检查各生产小组班组成员是否做好下班前的清扫工作。

⑧ 班长做好巡视,检查上述事项是否做好,检查或做防火安全记录。

(2) 工作小结

① 班长下班前应做好当日个人的工作小结,小结的内容主要有生产日报、质量日报、改进对策及明日工作计划。

② 生产情况、质量日报须在当班生产结束后报值日班长。

③ 生产异常的改进对策。

④ 人员安排的改进,针对当日生产的产量不足或工序不平衡,初步拟订明日人员的安排调整方案以及人员培训和指导计划。

⑤ 对设备、工装数量的调整或对当日质量出现问题的工装夹具,提出整改意见和对策。

⑥ 针对当日生产零部件质量问题进行汇总报值日班长。

⑦ 工序操作方法的改进或指导,针对当日员工操作质量,列出明日方法改进的重点,并着重指导改进。

(二) 日常工作计划中的设备保养

1. 班组长承担的责任

① 班组长应负责本班内设备的一、二级保养工作安排。

② 计量器具的定期送检。

③ 工装的定时清理及日常维护等工作。

④ 班组长应亲自负责本班员工对设备、测量仪器、工装的使用和管理的培训指导和考核工作,形成全员参与的局面。

2. 设备、测量仪器、工装管理内容

① 所有设备、测量仪器、工装均需要有资产编号、完好状态及点检标志等。设备需按要求进行润滑管理。

② 每天工作前班组长应对所有的设备、测量仪器、工装进行初步检查(如润滑、保养、维护、卫生清扫、配件更换、运行状况等)。每天上班后 30 分钟内对设备、测量仪器等记录进行审检、签字。

③ 在生产过程中应利用巡线时间对所使用的设备、测量仪器、工装的使用摆放位置以及稳定性进行确认(可以通过看、问、听、做等方式来确认)。

④ 当出现故障时,处理方式参见本章“异常处理及反应计划”。

⑤ 班组长在每天休息时(或下班后)应对全线的设备、测量仪器、工装进行全面检查,以保证生产顺利进行(检查内容如:电、气源是否及时关闭,清扫工作是否到位彻底,故障是否修复,多余配件是否集中保管等)

⑥ 班组长应定期(一个月一次)对使用设备、测量仪器、工装的人员进行操作

技能、维护保养、安全、点检等方面的培训座谈。

3. 注意事项

① 应根据设备及测量仪器的贵重情况进行专人使用管理，必须定期点检、润滑、保养、维护、清扫及送检。重要备品配件必须由班组长本人亲自保管。

② 对设备、测量仪器、工装的管理必须符合质量体系及企业管理制度的要求。

③ 应随时主动深入工作现场，了解其使用状况，发生异常时要及时处理解决。

二、提升效率的工具

（一）现场效率管理关键性指标概念

1. 生产计划完成率

生产计划完成率（Build To Schedule，BTS）是在指定的生产日按照正确的生产顺序完成生产计划的比例情况，是总的数量是否满足符合性、品种是否满足符合性、顺序是否满足符合性这三个指标的计算值的乘积，用来显示工厂、生产线以正确顺序、在正确时间、产出正确产品的执行程度。

2. 首次通过率

首次通过率（一次交验合格率，First Time Through，FTT）指一次性完成一个生产过程并且满足质量要求的零件的百分率，包括报废、返工、再测试、剖检和下线修理或返回数。

3. 设备综合利用率

设备综合利用率（Overall Equipment Effectiveness，OEE）是设备的开动率、性能效率和质量率这三个指标计算值的乘积，用来表示设备的综合利用率。

4. 节拍时间

节拍时间（Cycle Time，CT）确定了每一工位必须完成工作的速率（操作周期时间）。节拍时间代表了流水线的节奏。

5. 有效生产周期

有效生产周期（Dock to Dock，DTD）指从原材料到发运产品之间的总运转时间间隔；用于测量原材料转化成成品发运的速度，也就是通过工厂的速度，而不是加工工艺的速度。

6. 人员利用率/产线负载率

它指产线工位的负载率或工位工人的作业时间（去除一切等待时间）与产线的总开通时间（含停机）的比值。可以理解为单点开通率，主要考查单个工位的负载程度，合格的人员利用率/产线负载率一般大于75%，良好的产线大于85%，优秀的产线大于90%。

7. 成本控制

成本控制不仅考核生产原料的成本占比，还会对生产辅料、耗材进行考核，如钻头、手套、劳保用品等的使用考核。优秀的成本控制会对生产所需的一切物资进行统计并制定合理的年度压缩目标。

8. 人员培训周期

随着标准化作业流程、新作业思想以及新设备的普及，人员的培训周期将作为新型精益班组考核的一个指标。培训内容围绕着工艺执行、质量监察、效率提升进行，如新工艺使用培训、新设备培训、互检制度、精益思想宣贯等。

9. 现场整洁度

它是指现场与5S规定的标准作业环境的符合程度。该考核指标能够直接反映班组管理的贯彻程度，是一项不容忽视的管理内容。

10. 工艺执行完整度

它是指工位工人对标准工艺执行的情况，是否完全符合标准工艺卡给出的操作流程。注意，并不是不符合标准工艺卡的操作顺序就是错误的操作方法。检查人员和工艺考核人员在复核时，需要分析为什么工人会不按照标准顺序操作，有可能会发现更好的工艺流程。

(二) 5S现场管理

5S是SEIRI(整理)、SEITON(整顿)、SEISO(清扫)、SEIKETSU(清洁)、SHITSUKE(素养)这5个单词首字母的缩写。

5S起源于日本，指的是在生产现场中将人员、机器、材料、方法等生产要素进行有效管理，是日式企业独特的一种管理方法。

日本企业将5S运动作为工厂管理的基础，推行各种品质管理手法，使得二战后其产品质量得以迅速提升，奠定了经济大国的地位。而在丰田公司的倡导推行下，5S对于塑造企业形象、降低成本、准时交货、安全生产、实现高度的标准化、创造令人心怡的工作场所等方面的巨大作用逐渐被各国管理界所认识。随着世界经济的发展，5S现已成为工厂管理的一股新潮流。与此同时，5S是后续众多管理方法的前提和基础。

1. 整理

整理是改善生产现场的第一步。其要点是：对生产现场摆放和滞留的各种物品进行分类；然后，对现场不需要的物品，诸如用剩的材料、多余的半成品、切下的料头、切屑、垃圾、废品、多余的工具、报废的设备、工人个人生活用品等，要坚决清理出现场。

整理的目的是:改善和增加作业面积;实现现场无杂物、行道通畅;提高工作效率;消除管理上的混放、混料等差错事故;有利于减少库存,节约资金。

清理“不要”的东西,可使员工不必每天反复整理、整顿、清扫,从而避免时间、成本、人力资源等方面的浪费。

“整理”是5S的基础,也是讲究效率的第一步,更是“空间管理”的第一课。

2. 整顿

执行“整顿”的意义为防止缺料、缺零件,其积极意义则为控制库存、防止资金积压。

整顿是放置物品标准化,使任何人立即能找到所需要的东西,减少“寻找”所带来的时间上的浪费,也就是将物品按“定物”“定位”“定量”三原则规范化。

(1) 定物

所谓定物,就是将需要的物品保留下来,而将大部分不需要的物品转入储存室或者进行废弃处理,以保证工作场所中的物品都是工作过程中所必需的。

(2) 定位

定位是指根据物品的使用频率和使用便利性,决定物品所放置的场所。一般来说,使用频率越低的物品,应该放置在距离工作场地越远的地方。

(3) 定量

定量就是确定保留在工作场所或其附近的物品的数量。物品数量的确定应该以不影响工作为前提,数量越少越好。

对物品进行定物、定位、定量之后,还需要对物品进行合理的标示。通过采用不同的颜色进行标示,就能使工作场所的物品状态一目了然。

3. 清扫

清扫的实施要点:对工作场所进行彻底的清扫,杜绝污染源,及时维修异常的设备。清扫过程是根据整理、整顿的结果,将不需要的物品清除掉,或者标示出来放在仓库中。一般说来,清扫工作主要集中在以下几个方面:

(1) 清扫从地面到天花板的所有物品

不仅要清扫人们能看到的地方,而且对于通常看不到的地方,如机器的后面等也需要进行认真彻底的清扫,从而使整个工作场所保持整洁。

(2) 彻底修理机器和工具

各类机器和工具在使用过程中难免会有不同程度的损伤,因此,在清扫的过程中还包括彻底修理有缺陷的机器和工具,尽可能地减少突发的故障。

(3) 发现脏污问题

机器设备上经常会污迹斑斑,因此需要工作人员对机器设备定时地清洗、上油、拧紧螺丝，这样在一定程度上可以稳定品质，减少损耗。

（4）杜绝污染源

污染源是造成清扫无法彻底的主要原因。粉尘、刺激性气体、噪音、管道泄漏等污染都存在源头，只有消灭了污染源，才能够彻底解决污染问题。

清扫活动的重点是：必须按照企业具体情况决定清扫对象、清扫人员、清扫方法，准备清扫器具，实施清扫程序。

4. 清洁

清洁是在整理、整顿、清扫之后，认真维护，保持完善和最佳状态。在产品的生产过程中，永远会伴随着没有用的物品的产生，这就需要不断加以区分，随时将它清除，这就是清洁的目的。

清洁并不是单纯从字面上进行理解，它是对前三项活动的坚持和深入，从而消除产生安全事故的根源，创造一个良好的工作环境，使员工能愉快地工作。这对企业提高生产效率、改善整体的绩效有很大帮助。实施清洁活动时，需要秉持三个观念：

① 只有在清洁的工作场所才能生产出高效率、高品质的产品。

② 清洁是一种用心的行动，千万不要只在表面上下工夫。

③ 清洁是一种随时随地的工作，而不是上下班前后的工作。

清洁活动的要点是：坚持"三不要"的原则，即不要放置不用的东西，不要弄乱，不要弄脏。另外，不仅物品需要清洁，现场工人同样需要清洁，工人不仅要做到形体上的清洁，而且要做到精神上的清洁。

5. 素养

5S 活动的核心是加强人员的素养，提高人员的素质，使人们养成严格遵守规章制度的习惯和作风。如果人员缺乏遵守规则的习惯，或者缺乏自动自发的精神，5S 活动的推行只能流于形式，各项活动也无法顺利开展，而且很难长久持续下去。因此，实施 5S 活动，要始终着眼于提高人的素质。5S 活动始于素质，也终于素质。在开展 5S 活动中，要贯彻自我管理的原则。创造良好的工作环境，不能指望别人来代为办理，而应当充分依靠现场人员来改善。

素养的提高主要通过平时的教育训练来实现，只有员工都认同企业、参与管理，才能收到良好的效果。

（三）目视标准化管理

目视管理是利用形象直观、色彩适宜的各种视觉感知信息来组织现场生产活动，达到提高劳动生产率目的的一种管理方式。它是以视觉信号为基本手段，以公开化为基本原则，尽可能地将管理者的要求和意图让大家都看得见，借以推动自主管理、自我控制。所以目视管理是一种以公开化和视觉显示为特征的管理方式,也可称为“看得见的管理”。

实行现场目视管理,是把工作现场中发生的问题点、异常、浪费等,以及有关品质、成本、交付、安全等状况变为一目了然的状态,塑造一目了然的工作场所。通过目视管理的工具,如图表、看板区域规划图等,能迅速发现现场隐忧,便于采取相应的对策,防止错误的发生。

1. 目视管理的内容

(1) 规章制度与工作标准的公开化

为了维护统一的组织和严格的纪律,保持大工业生产所要求的连续性、比例性和节奏性,提高劳动生产率,实现安全生产和文明生产,凡是与现场工人密切相关的规章制度、标准、定额等,都需要公布于众;与岗位工人直接有关的,应分别展示在岗位上,如岗位责任制、操作程序图、工艺卡片等,并要始终保持完整、正确和洁净。

(2) 生产任务与完成情况的图表化

现场是协作劳动的场所,因此,凡是需要大家共同完成的任务都应公布于众。计划指标要定期层层分解,落实到车间、班组和个人,并列表张贴在墙上;实际完成情况也要相应地按期公布,并用作图法加以展示,使大家看出各项计划指标在完成中出现的问题和发展的趋势,以促使集体和个人都能按质、按量、按期地完成各自的任务。

(3) 与定置管理相结合,实现显示信息的标准化

在定置管理中,为了消除物品混放和误置,必须有完善而准确的信息显示,包括标志线、标志牌和标志色。因此,目视管理在这里便自然而然地与定置管理融为一体,按定置管理的要求,采用清晰的、标准化的信息显示符号,各种区域、信道和各种辅助工具(如料架、工具箱、工位器具、生活柜等)均应运用标准颜色,不得任意涂抹。

(4) 生产作业控制手段的形象直观与使用方便化

为了有效地进行生产作业控制,使每个生产环节、每道工序能严格按照期量标准进行生产,杜绝过量生产、过量储备,要采用与现场工作状况相适应的、简便实用的信息传导信号,以便在后道工序发生故障或由于其他原因停止生产,不需要前道工序供应在制品时,操作人员看到信号便能及时停止。例如,“看板”就是一种能起到这种作用的信息传导手段。

(5) 物品的码放和运送的数量标准化

物品码放和运送实行标准化,可以充分发挥目视管理的长处。例如,各种物品实行“五五码放”;各类工位器具,包括箱、盒、盘、小车等,均应按规定的标准数量盛

装。这样,操作、搬运和检验人员点数时既方便又准确。

(6) 现场人员着装的统一化与实行挂牌制度

现场人员的着装不仅能起劳动保护的作用,在机器生产条件下,也是正规化、标准化的内容之一。它可以体现职工队伍的优良素养,显示企业内部不同单位、工种和职务之间的区别,因而还具有一定的心理作用,使人产生归属感、荣誉感、责任心等,为组织指挥生产创造方便条件。

挂牌制度包括单位挂牌和个人佩戴标志。按照企业内部各种检查评比制度,将那些与实现企业战略任务和目标有重要关系的考评项目的结果,以形象、直观的挂牌方式呈现,能够激励先进单位更上一层楼,鞭策后进单位奋起直追。个人佩戴标志,如胸章、胸标、臂章等,其作用与着装类似。另外,还可同考评相结合,给人以压力和动力,达到催人进取、推动工作的目的。

(7) 色彩的标准化管理

色彩是现场管理中常用的一种视觉信号,目视管理要求科学、合理、巧妙地运用色彩,并实现统一的标准化管理,不允许随意涂抹。这是因为色彩的运用受多种因素制约,比如技术因素、生理因素、心理因素和社会因素等。

2. 目视管理的对象及常用工具

构成工厂的全部要素都是目视管理的管理对象,例如,服务、产品、半成品、原材料、零配件、设备、工夹具、模具、计量具、搬运工具、货架、信道、场所、方法、票据、标准、公告物、人、心情等。

在目视管理中,作为常用的工具一般有警示灯、显示灯、图表、管理板、样本、热压标贴、标志牌、各种颜色标记等。

推行目视管理,要防止搞形式主义,一定要从企业实际出发,有重点、有计划地逐步展开。在这个过程中,应做到的基本要求是:统一、简约、鲜明、实用、严格。

(四) 现场物料及在制品管理

1. 物料及在制品的识别

物料及在制品识别的方法有两种:一是分区域挂牌标示,如材料等;二是制作物料识别卡、条码等予以标示,适用于大部分物料,其标示内容包括物料的编码、名称、供应商、数量、生产日期、担当者,以及物料随时间、工序的变化而不断变化的状态等。

物料及在制品识别一般分为身份识别和状态识别。身份识别是标示物料身份的唯一的、不变的资料。而状态识别是物料变化状况的标示,可以分为检查状态识别、生产状态识别、库存状态识别等多种。

2. 物料及在制品的使用

在使用过程中，要按物料的特性设计合适的架、箱、盒存放物料，防止在使用中损坏；对于相似或者相近的物料，要分开摆放，并做好标示，避免混淆；如果发现物料异常，也要做好标示，并记录详细状况，方便他人分析原因；像标签、密封贴、自攻螺丝等不适合二次使用的零部件，不可勉强使用，需要强行报废。另外，接触物料的操作员工要加倍小心，不可损伤物料，比如手上不要佩戴硬质饰物，以免划伤物料。物料开始使用以后，可能会碰到物料多余或者物料不良的情况。对于因计划变更等原因而长时间不使用的多余物料，管理者可以恢复包装状态后退回仓库，以免占用本来就很拥挤的场所。而对于报废物料或不良物料，在将其退库销账时，不良内容和现象要写清楚，有数据的附上数据，责任区分要明确，由相关人员确认后退库。如果物料不良是企业外部的责任，则还要尽量恢复原包装，防止其他损坏，并附上产品的现品票，然后将其退回物料责任商，便于外协厂调查不良原因。

（五）作业标准化管理

由于人员作业效率的不确定性，员工作业效率管理往往成为班组生产效率管理的难点，推进生产作业标准化是解决这一难点的利器。

1. 标准的定义

对班组长而言，标准是指应用流程使作业人员更安全、更容易地工作，并确保顾客满意的最有效工作方式。企业的标准首先可分为“物”和“事”两大方面。所谓“物”是指产品、材料、设备和工具等，而“事”则是指事物的处理方法、工作程序和规章制度等。实行标准化管理是实现技术标准的重要保证。一个企业如果只有技术标准，而不建立相应的管理标准，那么技术标准也就不能有效地贯彻。

2. 标准化的定义

标准化就是以企业获得最佳秩序和最佳效益为目标，以企业生产经营与技术等各方面活动中大量重复性事物为研究对象，以先进的科学技术和生产实践经验为基础，以制定企业标准及贯彻实施各级有关标准为主要工作内容的一种有组织的科学活动。

标准化实际上就是制定标准、执行标准、完善标准的一个循环的过程。无标准、有标准未执行或执行得不好、缺乏一个不断完善的过程等，都不可称为标准化。

3. 标准的实施

没有付诸实践，再完美的标准对我们也没有用。为了使制定的标准彻底贯彻下去，我们必须在员工的脑海中树立“标准就是最高指示”的信念。从客观上来讲，标准高于任何人（包括总经理）的口头指示，所以，工作应该严格按照标准进行。

（1）班组长现场指导，跟踪确认

实施标准，班组长一定要发挥好领头人的作用，教授所有班组成员作业的标准，使他们知道“做什么、如何做以及工作的重点在哪里”。对不遵守标准作业要求的行为，班组长一旦发现，就要立即进行纠正。对于情节特别严重或者屡教不改的行为，要及时地给予批评，并着力帮助他们修正。

（2）宣传展示

任何一项新标准，都有一个宣传讲解以使标准实施者对它熟悉、了解的过程。员工只有了解，才会重视，才会在生产、技术和经济活动中自觉地去努力贯彻这项标准。因此，做好对标准的宣传讲解，提高大家的思想认识，是一项不可缺少的工作。

当标准的作业方法被设定以后，要在显著的位置将其展现出来，让员工注意，也便于与实际作业比较。对于作业指导书，则要放在作业者随手可以拿到的地方。

（3）改善标准的步骤

随着科学技术的不断进步，昔日制定的标准会慢慢变得不合时宜，需要通过改善来提高。因此，班组长应该时刻保持警觉，通过对作业情况的观察分析，找出存在的问题，寻找改善的契机。另外，要学习其他改善事例，受到启迪后在现场实践，寻找改善重点，从实际出发不断进行改善。而当下属员工对标准提出质疑时，不要一口否认，应当寻找机会同员工进行交流，以确认质疑的准确性。

（4）修订标准的依据

标准制定以后，需要各班组进行执行。在实施的过程中，如果发生以下情况，就要对标准进行修订。

① 新工艺、新设备投入使用时。

② 员工反映现有标准不利于操作并确认非个例情况时。

③ 由于工况变化使原标准中存在新增的安全隐患。

④ 发现了更快速有效的标准动作。

⑤ 其他任何情况使得现有标准不再是安全、最有效、最省成本。

（六）TPM 全员维护管理

全员维护管理（Total Productive Maintenance，TPM）就是“全员生产维修”，这是日本在20世纪70年代提出的一种全员参与的生产维修方式，其要点就在“生产维修”及“全员参与”上，通过建立一个全系统员工参与的生产维修活动，使设备性能达到最优。

TPM的目标可以概括为四个“零”，即停机为零、废品为零、事故为零、速度损失为零。

1. 停机为零

指计划外的设备停机时间为零。计划外的停机对生产造成冲击相当大，使整个生产匹配发生困难，造成资源闲置等浪费。计划停机时间要有一个合理值，不能为了满足非计划停机为零而使计划停机时间值达到很高。

2. 废品为零

指由设备原因造成的废品为零。“完美的质量需要完善的机器”，机器是保证产品质量的关键，而人是保证机器好坏的关键。

3. 事故为零

指设备运行过程中事故为零。设备事故的危害非常大，影响生产不说，可能会造成人身伤害，严重的可能会“机毁人亡”。

4. 速度损失为零

指设备速度降低造成的产量损失为零。由于设备保养不好，设备精度降低而不能高速度使用设备，等于降低了设备性能。

（七）OEE设备综合利用率管理

OEE是设备综合效率（Overall Equipment Effectiveness）的简称，OEE的分析可以帮助企业减少不适当的设备消费，改进机械设备和工厂固定资产的运行效率。OEE的优化可以体现在生产设备和方法、产品质量、机器可靠性、持续工作能力及其他方面的改进，降低公司运营成本。OEE的优化不仅需要持续推进TPM职能，更需要根据产能变化合理计算设备开动成本。

提升OEE，应从设备管理的角度分析生产过程中的八大损失入手，逐步展开。

1. 计划性停机损失及应对

主要是指由节假日、会议、年修、定修、无订单生产、作休制度等有计划性的停产、待机造成的时间损失。具体应对措施有：

① 增强员工作业技能，使其适应一人多岗位发展，以灵活安排生产计划。

② 优化维修模式，做好日常维护，减少计划维修时间。

③ 加强产品的营销渠道建设，增加订单量，同时提高产品质量、缩短交货期以实现顾客满意。

2. 外部因素造成的停机损失及应对

由于公共工程设施的突发故障、停水、停电等造成的非计划停机时间损失。具体应对措施有：

① 加强对公用工程装置的日常维护。

② 添置必要的公用工程设备的应急设施，建立事故应急预防体系。

3. 故障停机损失及应对

因突发的或慢性的故障引起的损失，常同时伴随着时间性的损失和产品质量上的损失。具体应对措施有：

① 加强设备的自主维护。

② 提高维修水平，降低维修时间。

③ 严格依照工艺标准生产，不超负荷生产。

④ 安排生产计划时应考虑设备使用时间，不超时使用设备。

4. 换模、调整等停机损失及应对

主要是指由产品换型，模具、刀具磨损需要更换模具、刀具和短暂缺料等造成的停机损失。具体应对措施有：

① 加强设备前期管理，设备布置应充分考虑生产因素。

② 加强刀具和模具的管理，减少换模时间。

③ 合理安排每日生产计划，实施标准化生产。

5. 等待、瞬停等小停机损失及应对

工序产能不匹配造成的缺料等待、设备操作机构不灵敏造成的瞬间卡死等产生的停机损失。具体应对措施有：

① 加强物料前期管理，物料布置应充分考虑生产因素。

② 加强设备自主维护和点检。

③ 加强设备前期管理，在设备设计或选型初期，充分考虑操作机构的动作灵敏度和故障周期。

6. 速率损失及应对

设备在长期使用后实际加工速率低于设计速率、加工件加工余量超差、生产辅料不合适等造成加工周期变长。具体应对措施有：

① 针对老化设备或旧设备进行局部改良维修，使之符合工艺速度要求，或替换原有设备。

② 加强质量控制，不接收废品，不流出废品。

③ 加强设备日常维护，特别是对润滑的管理。

7. 不合格品与返工损失及应对

主要是指不合格品返修或报废所造成的时间和成本损失。具体应对措施有：

① 对设备实施维修和改进，避免因设备原因造成的质量不良。

② 要求操作人员按标准作业要求加工产品（标准工艺、标准手持量、标准

时间)。

③ 加强质量控制,按零缺陷要求加工产品,运用产品直通率衡量质量指标。

8. 初期产量损失及应对

主要是指由新产品、新工艺投产,设备改进,停机后重新开动,由开始生产到稳定等所发生的损失。具体应对措施有:

① 加强产品和设备的研发管理,特别是产品质量要求和设备研发的沟通管理。

② 对设备实施局部改造,使设备快速达到稳定的特性要求,如外置的供热系统等。

③ 改变交换班模式,合理安排生产计划,减少设备停开机的频次。

在智能制造时代,OEE 的优化管理又有了新的工具,即信息化手段。引入物联网手段进行预测性维护,可大幅度提升 OEE 水平。

(八) 生产线平衡分析

生产线平衡的基础是工时分析,对每一个工位进行工时的动作分析,识别有效作业时间、等待时间、浪费时间,通过不同的措施进行缩减,达到最优的生产线平衡状态。每一个工位的节拍一定是联动的,即上下游工序都能够影响该工位的负载状态和等待时长。因此生产线平衡是一项复杂的综合系统分析工作。

1. 工时分析的基本概念

时间研究又称"作业测量"或"工作测量",其主要内容是通过科学方法测定工作的实际时间,以此作为制定工作定额、核算成本、计划生产以及检验效率等的基础。时间研究的主要发明者是 F. W. 泰勒。在 F. B. 吉尔布雷斯从事动作研究的同时,F. W. 泰勒在美国伯利恒钢铁厂进行了著名的"铁铲试验"。在该研究中,他比较了工人铲煤与铲矿砂间的差异,对工人的铁铲进行了改进,并制定相应的劳动定额及奖励制度,从而在短短的三年半时间内,使该厂原需 400～600 人的工作降低到只需 140 人即可完成。

2. 标准工时的概念

标准工时是指在一定生产环境下,一个熟练工人按规定作业标准生产一个单位合格产品所消耗的时间。从标准工时的定义(图 2.19)可以看出,标准工时具有五大要素:

① 正常的操作条件:工具及环境条件都符合作业内容要求并且不易于引起疲劳。

② 熟练程度:大多数中等偏上水平作业者的熟练度,作业者要了解流程,懂得机器和工具的操作与使用方法。

③ 作业方法:按照作业标准规定的方法操作。

④ 劳动强度与速度:适合大多数普通作业者的强度与速度。

⑤ 质量标准:是产品质量检验合格的产品。

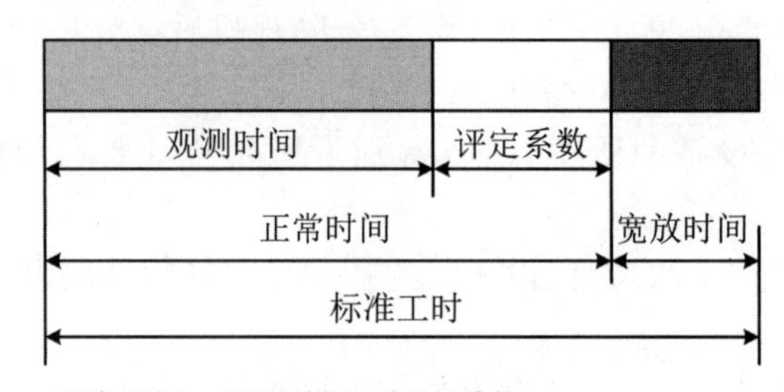

正常时间=观测时间×评比系数
标准工时=正常时间×(1+宽放率)

图 2.19 标准作业时间

3. 工时分析的方法

时间研究这种方法的主要用途是建立工作的时间标准,即上述的标准工时。一项工作(通常是一人完成的)可以分解成多个工作单元(或动作单元)。在时间研究中,研究人员用秒表观察和测量一个训练有素的人员,在正常发挥的条件下各个工作单元所花费的时间,这通常需要对一个动作观察多次,去除异常数据后,取其平均值。从观察、测量所得到的数据中,可以计算为了达到所需要的时间精度,样本数需要有多大。如果观察数目还不够,则需进一步补充观察和测量。最后,再考虑到正常发挥的程度和允许变动的幅度,以决定标准时间。

4. 标准工时确立的注意事项

① 作业方法是事先规定或标准化的。

② 作业条件是完善的。

③ 作业主体必须能满足要求,且经过正式培训。

④ 作业主体技能有一定熟练度,并具有期待工作完成的积极心理。

⑤ 作业环境能基本上满足人体工程的标准要求。

⑥ 标准时间是完成一个单位的作业时间,且含有适当比率的宽裕值(宽放率)。

⑦ 注意须防止两种现象:把异常当正常,将非法变合法。

⑧ 标准不仅要考虑合理性、合法性,更要考虑它的导向性。

5. 生产线平衡

生产线平衡又称工序同期化,是通过技术组织措施调整生产线的作业时间,使工位的周期时间等于生产线节拍,或与节拍成整数倍关系。其目的包括物流快速、缩短生产周期；减少或消除物料或半成品周转场所；消除生产瓶颈，提高作业效率；提升工作士气，改善作业秩序，稳定产品质量。

(1) 生产线平衡与木桶定律的关系

“生产线平衡”与“木桶定律”非常相似：生产线的最大产能不是取决于作业速度最快的工位，而恰恰取决于作业速度最慢的工位，最快与最慢的差距越大，产能损失就越大。在制造现场，各个车间或小组之间，彼此的管理水平、产能等往往是不等的，企业现场管理的整体水平并不取决于最优秀的车间单位而取决于最差的车间单位，同理，对一条生产线来言，其产量、效率高低也是如此。

(2) 生产线平衡的意义

生产线平衡是对生产的全部工序进行平均化、均衡化，调整各工序或工位的作业负荷或工作量，使各工序的作业时间尽可能相近或相等，最终消除各种等待浪费现象，达到生产效率最大化。

(3) 提高生产线平衡的意义

缩短每一制品装配时间，增加单位时间的生产量，降低生产成本；减少工序间的在制品，减少现场场地的占用；减少工程之间的预备时间，缩短生产周期；消除人员等待现象，提升员工士气；改变传统小批量作业模式，使其达到一流生产状态；可以稳定和提升产品品质；提升整体生产线效率和降低生产现场的各种浪费。

(4) 平衡分析用语

① 节拍(pitch time)：节拍是指在规定时间内完成预定产量，各工序完成单位成品所需的作业时间。其计算公式：节拍＝有效出勤时间/[生产计划量×(1＋不良率)]。

例　每月的工作天数为20天，正常工作时间每班次为480分钟，该企业实行每天2班制，如果该企业的月生产计划量为19200个，不良率为0，请问该企业的生产节拍是多少？

答　节拍时间＝有效出勤时间/[生产计划量×(1＋不良率)]＝480×2×20/[19200×(1＋0)]＝60(秒/个)。

② 传送带速度(CV)：传送带速度是指流水线的皮带传递速度，一般情况下，采用一定的距离作好标记，然后测定其时间，进而得出流水线传送带的实际速度，计算公式：CV＝间隔标记距离/所耗时间。采用流水线作业的企业，传送带的速度与作业效率、疲劳程度以及能否完成产量有密切的关系。理想的传送带速度是恰好能完成预定产量的同时又能减少作业员工的身心疲劳。理想的传送带速度的计算公式：CV＝间隔标记距离/节拍时间，因此在现场生产管理过程中，只要把流水

线的皮带速度调成理想的传送带速度即可。

③ 瓶颈工时:指生产线所有工序中所用人均工时最长的工序的工时。

④ 总瓶颈工时:指瓶颈工时乘以生产线作业人数的总和。

⑤ 周期时间:是指单个产品从前到后所有工序所费时间的总和。

⑥ 平衡率:平衡率=生产线各工序时间总和/(瓶颈工时×人员数)。

⑦ 平衡损失:平衡损失=1－平衡率。

⑧ 平衡损失时间:平衡损失时间 $= \sum$(瓶颈工时 － 工位工时)。

⑨ 稼动损失时间:稼动损失时间=(节拍－瓶颈时间)×总人数。

⑩ 稼动损失率:稼动损失率=稼动损失时间/(节拍×总人数)×100%。平衡损失时间与稼动损失时间是两个不同的概念,平衡损失时间是瓶颈工时与各工位工时时间差的总和,而稼动损失时间是工序生产节拍与瓶颈工时时间差的总和,它们之间的关系如图 2.20 所示。

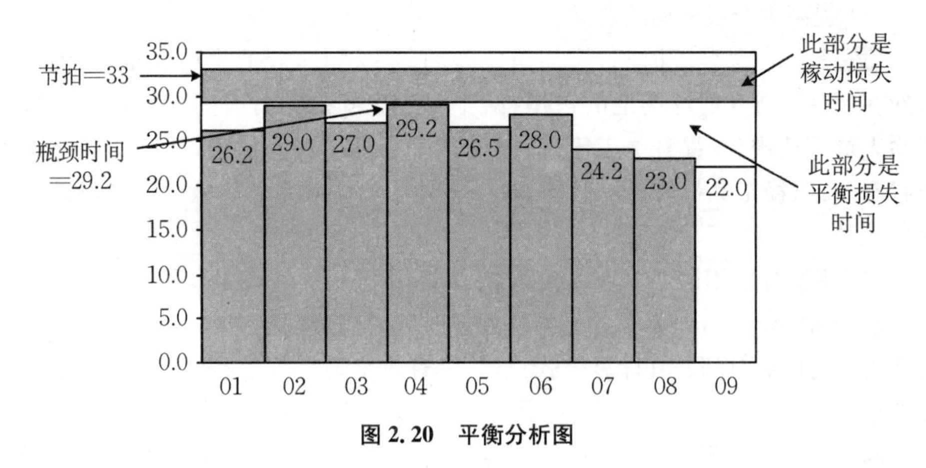

图 2.20 平衡分析图

三、异常处理及反应计划

(一) 班组生产过程监控

为确保生产有效地运行,班组长实时对生产过程进行监控。对于通用性的生产过程,我们可以制定通用的监控表格帮助班组长对过程进行监控,如表 2.30 所示。

表 2.30　生产过程监控

项目	生产过程监控内容
人	1. 人员出勤情况 2. 穿戴是否整齐，头发是否外露，指套及相关劳保用品是否佩戴到位 3. 工作状态、精神面貌是否良好 4. 各工序人员配置是否合理，以便能及时做出调整，保持流水生产 5. 员工是否按作业指导规范操作，作业指导书是否与实际操作相符合 6. 新员工有无佩戴新员工标志牌 7. 新员工、转岗员工培训是否按要求进行，有无培训记录 8. 员工的自检、互检的执行情况 9. 表单记录是否正确、及时、完整
机	1. 生产所需要的工具、机器设备是否到位、齐全、完好 2. 工具、机器设备是否符合操作要求 3. 设备润滑工作是否符合设备管理要求，员工要按照润滑指导卡要求进行定点、定期、定量、定质操作，记录要及时、准确，字体要工整，并签字确认
料	1. 物料的数量与质量情况 2. 各工序所生产的产品是否符合质量要求，发现问题及时处理或反馈给相关人员 3. 各工序产品流水是否顺畅，如是否存在产品积压或等待，并及时做出调整 4. 产品实物数量与生产记录卡数量是否相符，如有异常及时进行调查处理 5. 做好对不良品的清理及分析，并做好记录
法	1. 是否按规定的工艺路线进行生产 2. 是否进行自检互检，发现问题有无反馈 3. 不良品是否按规定进行隔离标记，是否按不良品返修路线进行返修 4. 特殊要求是否按要求执行。
环	5S 执行情况（具体见 5S 管理要求）

（二）班组异常反应计划

生产过程中会出现突发性情况，影响生产正常运行。为应对各种异常情况，设计了反应计划表格，分别如表 2.31、表 2.32、表 2.33 所示。

反应计划表格的功能主要是帮助班组长在问题发生的第一时间可以根据表格中提供的对策迅速做出反应。表格并不是一成不变的，随着企业活动的深入，表格内容将会不停地变化以适应企业发展的需要。

表 2.31　异常情况处理方法或对策

异常情况		处理方法或对策
影响生产进度	病假、事假、产假等	1. 病假：先了解病情的严重程度，一般将严重程度分为轻微（即身体不适）、较重（影响正常工作）、严重（无法工作）三种，对病情较轻微的，我们一般先征求员工本人的意见看能否坚持上班甚至是加班，对出现这种情况的员工，班组应尽可能不安排其加班；对病情较重的，应批准其立刻就医；对病情严重的应立即报厂部并派员工或亲自陪同就医 2. 事假：事先了解情况的真实性及严重程度，然后根据生产的实际情况建议其是否可以推迟或移至周末，最后确定批假的时间和天数 3. 产假：当知道本线有员工怀孕时，应进一步了解员工的怀孕周期，然后根据公司的规定及相关法律法规在怀孕 7 个月后，尽量不安排加班并视情况调离至劳动强度相对小的岗位 以上情况在班组中时有发生，为减少对生产进度的影响，平时应注意人员培训，实现员工一人多岗，以便在需要时进行岗位调动
	离职	了解离职原因，对表现较好的员工应做好思想工作，极力挽留，若仍坚持辞职，则说服其推迟到淡季办理辞职事宜或把徒弟带好后再办理。对一般的员工，则视生产情况将辞职事宜尽量安排在淡季。对一定要辞职的则按公司规定 30 天后办理
影响产品质量	员工操作不当引起的质量问题	1. 一方面隔离近段时间生产的产品并根据检验标准对其进行检测；另一方面则当场教育员工，直到其能正确操作为止 2. 由于人的可变性因素较大，因此平时班组长在巡线时应督促员工按操作规范进行操作，一旦出现异常情况应及时解决
安全事故	员工操作不当引起的安全事故	首先视伤情的严重程度采取相应的对策，一般将严重程度分为轻微（没有出血）、一般（有出血但不严重）、较严重（须立即就医）、严重四个等级，对前两种情况班组可自行处理。对于较严重的，经医务室简单包扎伤口后应立即送往指定医院就医。对于严重的，须第一时间上报厂部及企业，拨打“120”实施抢救。出现事故之后，应对事故原因进行调查，并召开专项分析会。同时，班组长在进行日常巡线时，应督促员工按操作规范进行操作
	设备故障引起的安全事故	首先应救护受伤的员工，处理办法同上。其次应查明引起事故的原因，看是设备自身的故障还是平时设备维护或点检出现问题

表 2.32　设备、仪器、工装方面异常情况

<table>
<tr><th colspan="2">异常情况</th><th>处理方法或对策</th></tr>
<tr><td rowspan="3">设备</td><td>C类设备出现故障</td><td>关闭电源，先由班组长或工艺员确认故障情况。对简单设备故障，班组内部可解决的则当场处理，对于不能解决的则填写维修报告单报修。另外，由工艺员对已生产的产品质量进行确认，对可疑产品视同不合格品处理</td></tr>
<tr><td>非标及A、B类设备出现故障(未验收)</td><td>关闭电源，先由班组长或工艺员确认故障情况后，报机修人员或联系设备厂家维修。另外，由工艺员对已生产的产品的质量进行确认，对可疑产品视同不合格品处理</td></tr>
<tr><td>非标及A、B类设备出现故障(已验收)</td><td>关闭电源，先由班组长或工艺员确认故障情况后，填写维修报告单报修。另外，由工艺员对已生产的产品质量进行确认，对可疑产品视同不合格品处理</td></tr>
<tr><td colspan="2">仪器出现故障</td><td>由员工确认是否是参数设置问题。若是，则由员工自己重新设置好；若不是，则员工报班组长或工艺员确认后，联系维修。另一方面，应隔离原检测的产品并重新检测</td></tr>
<tr><td colspan="2">工装出现故障</td><td>先确认故障情况，判断自己能否解决，对于班组内部解决不了的，则找工艺员或工装管理员处理</td></tr>
<tr><td colspan="3">对于设备、仪器、工装方面出现的异常情况，经确认处理故障需要较长时间(视生产紧急情况)，须上报并做好生产安排</td></tr>
</table>

表 2.33　物料方面异常情况

异常情况	处理方法或对策
可预见性缺件	了解缺件程度和零件供应状态，做好生产准备
投入前检查不合格	将不良情况、不良比例、货源号报给工艺员；不合格，则首先隔离不合格品
生产中的质量问题	隔离不良品，将不良情况、不良比例、货源号报给工艺员

第五节　班组的成本管理

一、常见的班组成本分析方法

作为企业执行单元的末端，班组成本的账目繁琐、内容繁多。但不可否认的是

其成本占据了企业活动的大部分比例，因此，班组的成本分析不仅是企业财务会计们研究的对象，也是班组长工作的一个部分。

在进行成本分析中可供选择的技术方法（也称数量分析方法）很多，企业应根据分析的目的、分析对象的特点、掌握的资料等情况确定应采用哪种方法进行成本分析。在实际工作中，通常采用的技术分析方法有对比分析法、因素分析法、相关分析法和比率法等四种。

（一）对比分析法

对比分析法是根据实际成本指标与不同时期的指标进行对比，来揭示差异，分析差异产生原因的一种方法。在对比分析中，可采取实际指标与计划指标对比，本期实际与上期（或上年同期，历史最好水平）实际指标对比，本期实际指标与国内外同类型企业的先进指标对比等形式。通过对比分析，一般可了解企业成本的升降情况及其发展趋势，查明原因，找出差距，提出进一步改进的措施。在采用对比分析时，应注意本期实际指标与对比指标的可比性，以使比较的结果更能说明问题，揭示的差异符合实际。若不可比，则可能使分析的结果不准确，甚至可能得出与实际情况完全不同的结论。在采用对比分析法时，可采取绝对数对比、增减差额对比或相对数对比等多种形式。

采用对比分析法进行分析的指标有：会计要素的总量、结构百分比、财务比率。

（二）因素分析法

因素分析法是将某一综合性指标分解为各个相互关联的因素，并测定这些因素对综合性指标差异额的影响程度的一种分析方法。在成本分析中采用因素分析法，就是将构成成本的各种因素进行分解，测定各个因素变动对成本计划完成情况的影响程度，并据此对企业的成本计划执行情况进行评价，并提出进一步的改进措施。

采用因素分析法的步骤如下：

第一步：将要分析的某项经济指标分解为若干个因素的乘积。在分解时应注意经济指标的组成因素应能够反映形成该项指标差异的内在构成原因，否则，计算的结果就不准确。如材料费用指标可分解为产品产量、单位消耗量与单价的乘积，但它不能分解为生产该产品的天数、每天用料量与产品产量的乘积，因为这种构成方式不能全面反映产品材料费用的构成情况。

第二步：计算经济指标的实际数与基期数（如计划数、上期数等），从而形成了两个指标体系。这两个指标的差额，即实际指标减基期指标的差额，就是所要分析的对象。各因素变动对所要分析的经济指标完成情况影响合计数，应与该分析对象相等。

第三步:确定各因素的替代顺序。在确定经济指标因素的组成时,其先后顺序就是分析时的替代顺序。在确定替代顺序时,应从各个因素相互依存的关系出发,使分析的结果有助于分清经济责任。替代的顺序一般是:先替代数量指标,后替代质量指标;先替代实物量指标,后替代货币量指标;先替代主要指标,后替代次要指标。

第四步:计算替代指标。其方法是以基期数为基础,用实际指标体系中的各个因素,逐步顺序地替换。每次用实际数替换基数指标中的一个因素,就可以计算出一个指标。每次替换后,实际数保留下来,有几个因素就替换几次,就可以得出几个指标。在替换时要注意替换顺序,应采取连环的方式,不能间断,否则计算出来的各因素的影响程度之和,就不能与经济指标实际数与基期数的差异额(即分析对象)相等。

第五步:计算各因素变动对经济指标的影响程度。其方法是将每次替代所得到的结果与这一因素替代前的结果进行比较,其差额就是这一因素变动对经济指标的影响程度。

第六步:将各因素变动对经济指标影响程度的数额相加,应与该项经济指标实际数与基期数的差额(即分析对象)相等。

(三) 相关分析法

相关分析法是指在分析某个指标时,将与该指标相关但又不同的指标加以对比,分析其相互关系的一种方法。企业的经济指标之间存在着相互联系的依存关系,在这些指标体系中,一个指标发生了变化,受其影响的相关指标也会发生变化。如将利润指标与产品销售成本相比较,计算出成本利润率指标,可以分析企业成本收益水平的高低。再如,产品产量的变化,会引起成本随之发生相应的变化。可利用相关分析法找出相关指标之间规律性的联系,从而为企业成本管理服务。

(四) 比率法

比率法是指用两个以上的指标的比例进行分析的方法。它的基本特点是:先把对比分析的数值变成相对数,再观察其相互之间的关系。常用的比率法有以下几种:

(1) 相关比率法

由于项目经济活动的各个方面是相互联系,相互依存,又相互影响的,因而可以将两个性质不同而又相关的指标加以对比,求出比率,并以此来考察经营成果的好坏。例如,产值和工资是两个不同的概念,但它们的关系又是投入与产出的关系。在一般情况下,企业都希望以最少的工资支出完成最大的产值。因此,用产值工资率指标来考核人工费的支出水平,就很能说明问题。

(2) 构成比率法

又称比重分析法或结构对比分析法。通过构成比率,可以考察成本总量的构成情况及各成本项目占成本总量的比重,同时也可看出预算成本、实际成本和降低成本的比例关系,从而为寻求降低成本的途径指明方向。

(3) 动态比率法

将同类指标不同时期的数值进行对比,求出比率,以分析该项指标的发展方向和发展速度。动态比率的计算,通常采用基期指数和环比指数两种方法。

二、班组成本管理的内容

班组是生产企业的最基层管理单元,企业 90%以上的生产制造成本都发生在班组。企业要想控制成本、节能降耗、提质增效,应该重点抓好基层班组的成本管理,最重要的就是控制浪费和降本改善。

1. 班组长成本管理职责

班组长在成本管理中的职责如表 2.34 所示。

表 2.34 班组长成本管理职责

<table>
<tr><th>两大方向</th><th>四项工作</th><th>班组长职责</th></tr>
<tr><td rowspan="3">控制浪费</td><td>掌握基础</td><td>1. 了解成本的概念
2. 了解公司产品的成本构成
3. 掌握班组的成本构成重点</td></tr>
<tr><td>监督行为</td><td>1. 有发现浪费的能力,掌握班组常见浪费现象
2. 了解浪费与公司、班组及个人的关系</td></tr>
<tr><td>指导方法</td><td>1. 指导直接材料的收发存及异常处理
2. 指导班组常用制造费用的业务处理
3. 掌握日常表格表单填写
4. 掌握班组各项基础成本工作方法</td></tr>
<tr><td rowspan="2">降本改善</td><td rowspan="2">管理改善</td><td>1. 掌握改善的途径
2. 了解改善的内容和方向</td></tr>
<tr><td>掌握一定的改善方法,并带领和指导班组员工实施改善</td></tr>
</table>

2. 班组成本的构成

成本=直接材料成本+直接人工成本+制造费用,如图 2.21 所示。其中,制造费用是班组长工作中重点需要关注和管理的部分。如何减少班组制造成本中出现的浪费,是班组成本管理的重中之重。

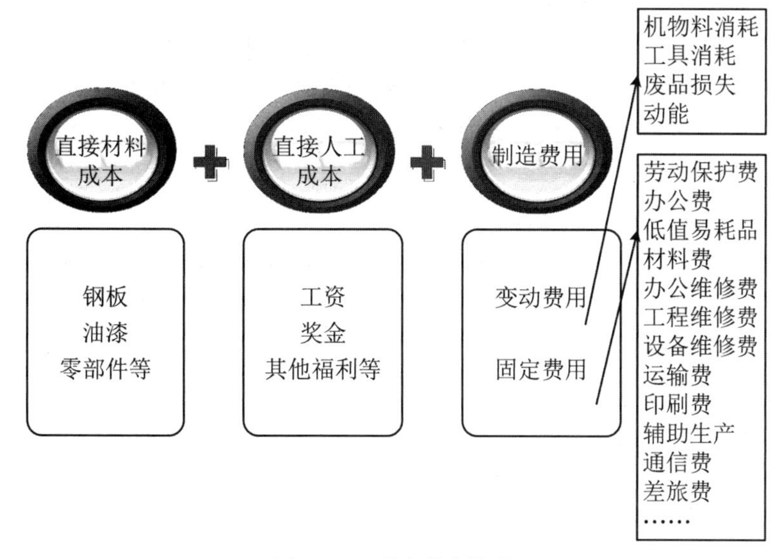

图 2.21　成本基本构成

三、班组的成本控制方法

(一) 认识生产中的七种浪费

1. 第一种浪费——制造过多(早)的浪费

指生产多于需求或生产快于需求。具体表现:库存堆积、过多的设备、额外的仓库、额外的人员需求、额外场地。浪费的主要原因:生产能力不稳定、缺乏交流(内部、外部)、换型时间长、开工率低、生产计划不协调、对市场的变化反应迟钝。

2. 第二种浪费——库存的浪费

任何超过客户或者后道作业需求的供应。浪费具体表现:需要额外的进货区域、停滞不前的物料流动、发现问题后需要进行大量返工、需要额外资源进行物料搬运、对客户要求的变化不能及时反应。浪费主要原因:生产能力不稳定、不必要的停机、生产换型时间长、生产计划不协调、市场调查不准确。

3. 第三种浪费——物料搬运的浪费

指对物料的任何移动。在精益理论中,任何不产生价值的生产活动都可以归为浪费。物品在搬运过程中不仅不产生任何增值,还需要规划资源进行搬运。搬运的距离越长,产生的成本越多。浪费主要原因:生产计划没有均衡化、生产换型时间长、工作场地缺乏组织、场地规划不合理、大量的库存和堆场。

4. 第四种浪费——纠正错误的浪费

指对产品进行检查、返工等补救措施。具体表现:额外的时间和人工进行检查、返工等工作,由此而引起无法准时交货;企业的运作是补救式的,而非预防式的(救火队方式的运作)。浪费主要原因:生产能力不稳定、过度依靠人力来发现错误、员工缺乏培训。

5. 第五种浪费——过量加工的浪费

也称为"过分加工的浪费"。一方面是指多余的加工;另一方面是指超过顾客要求以上的精密加工,造成资源的浪费。具体表现:瓶颈工艺、没有清晰的产品/技术标准、无穷无尽的精益求精、需要多余的作业时间和辅助设备。浪费主要原因:工艺更改和工程更改没有协调、随意引进不必要的先进技术、由不正确的人来做决定、没有平衡各个工艺的要求、没有正确了解客户的要求。

6. 第六种浪费——等待的浪费

指人员以及设备等资源的空闲。具体表现:人等机器、机器等人、人等人、有人过于忙乱、非计划的停机。浪费主要原因:生产运作不平衡、生产换型时间长、人员和设备的效率低、生产设备不合理、缺少部分设备。

7. 第七种浪费——多余动作的浪费

指对产品不产生价值的任何人员和设备的动作。具体表现:人找工具、大量的弯腰抬头取物、设备和物料距离过大引起的走动、流水线不合理、人或机器"特别忙"。浪费主要原因:办公室、生产场地和设备规划不合理,工作场地没有组织,人员及设备的效率低,没有考虑人机工程学,工作方法不统一,生产批量太大。

(二)减少浪费和控制成本的一些方法

1. 减少拖延造成的成本

工业化流水线生产作业总是受到材料供应、部件传送、工艺文件、技术指导、半成品的流转、返修返工、人员频繁缺勤、设备故障、事故及自然灾害等因素的制约而使生产时间拖延。要减少和杜绝由此造成的拖延,对以上各制约因素应采取下列有效办法。

① 材料的供应、测试要迅速,努力按作业计划时间提供给下一工序的车间、班组。

② 部件、配件按指定时间加工完成,及时传递给下道工序。

③ 工艺文件内容正确、齐备,提早下达到车间班组,班组上好投产前的工

艺课。

④ 技术进车间班组。技术人员在现场及时发挥指导作用，使技术真正为员工作业服务。

⑤ 半成品的流转和搬运，要按照计划规定的时间，不任意堆积、积压，防止耽误下一道工序作业。

⑥ 返修返工要专人负责协调和管控，杜绝无人过问而搁置一旁耽误进度。返修返工后的产品复检也要及时进行。

⑦ 人员缺勤时，要及时调配多能工顶岗，最大限度地解决因流水作业岗位的人员短缺导致的生产停滞。

⑧ 设备的修理要迅速，力争做到少影响或者不影响生产作业。

⑨ 其他外部因素导致的拖延，在法规允许范围内，采用有效的加班加点进行补救。

2. 减少管理失误造成的成本浪费

现场管理中，要坚决反对和克服将管理者应做的管理工作或多或少地、有意无意地转嫁给下属或作业工人，增加下属和作业工人思想及作业行为上的负担。解决管理失误主要有以下基本方法：

① 广泛收集生产经营和员工方面的信息，加强调查研究，坚持民主集中制原则，做出正确决策。

② 制订严密的计划，有效开展职工技术、文化和企业规章制度等方面的教育，严格考核，坚持标准，竞争上岗。

③ 制订管理岗位经济责任制，明确各自分工和责任义务，开展批评和自我批评，总结管理工作的经验和教训，防止和克服相互扯皮和拆台现象。

④ 制定生产投入准备阶段的工作规程和管理细则，专人负责材料检测、设计确认、工艺文件审核、样板校对等工作，坚决预防失误。

⑤ 根据任务情况，认真研究生产作业进度，讨论生产计划，坚持计划的科学性和可行性，适时调整作业计划，杜绝计划不足或计划过剩。确保作业流程的畅通无阻。

⑥ 积极培养多能手，在必要时可以妥善调配人员，确保作业流程的畅通无阻。

⑦ 技术指导和质量控制始终不放松，严格贯彻技术和质量标准，及时纠正作业失误。

⑧ 跟踪和监督员工的作业速度和进度，发现延误应及时梳理工序，扫清作业障碍。

⑨ 设备维护保养及修理严格按照日常维修、一级和二级维修的规定执行，预防修理失误造成生产延误。

⑩ 加强对质量检验人员的培养、教育及考核，防止和杜绝漏检。

⑪ 严格按照客户的指示要求，清点产品数量，将各类标牌按照指定要求挂在正确的位置，检查包装方式、图文标志等，杜绝包装作业的失误。

⑫ 坚持目标管理，坚持用岗位责任制考核管理者的工作业绩，奖罚分明。

3. 降低其他成本

班组生产中，材料消耗过大、员工消极怠工或工作状态松弛、搬运作业频繁、顶岗作业慢、返修返工数量大、无效的加班加点多、包装运输邮递费用多等都会加大产品成本。这些被隐藏的成本费用必须通过作业规程、规章制度、岗位责任制、5S活动、技术和质量标准、生产计划、奖罚办法等的贯彻执行来严格控制。

（三）常用于生产现场的成本管理

1. 加强宣传，提出简要的口号

平时应教育员工养成自觉控制成本的良好意识习惯。员工的节约意识对企业的成本管理显得尤为重要，可以起到聚沙成塔的作用。因此良好的宣传教育是加强员工节约意识最简单直接的手段，示例如图 2.22 所示。

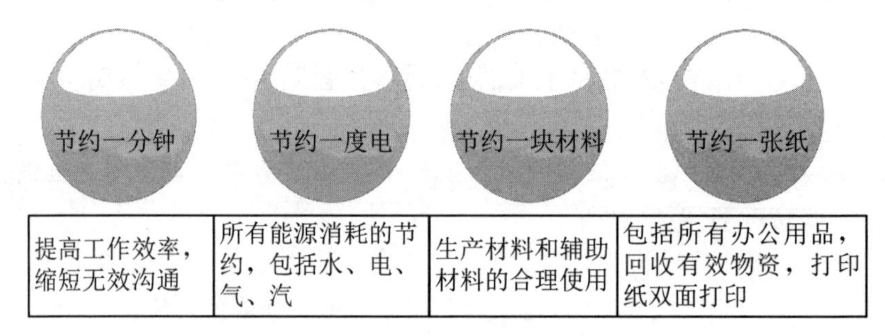

图 2.22 某企业提倡“四节约”活动口号

2. 生产用料管理

(1) 物料管理

生产用料包括生产部门及配套部门使用的生产原材料以及其他共用辅料，是企业生产活动的基本材料。按需使用、杜绝浪费、先进先出是物料管理的基本法则(表 2.35)。

(2) 盘点

盘点的目的是为了加强公司存货管理，提高存货管理人员的责任感，保证存货数据的真实、准确，减少存货管理的漏洞。盘点是生产型企业非常重要的经营活动之一。一般的盘点步骤和注意事项可以参见图 2.23。

表 2.35　××车间××班组的物料管理

管理项目	管理要求
领料控制	根据当班产量和定额领用物料
日常管理	做好日常消耗检查，避免班组员工将班组物料挪作他用或者随意使用情况发生
异常问题反馈	发现质量、消耗量等有异常波动情况及时向车间成本及工艺管理人员反馈
物尽其用	通过残余量回收、反复使用等改善减少消耗量
不合格品日清	做到日清，即当日发现的不合格品当日清出现场，并填制《不合格品处置单》，跟踪车间相关人员对不合品处理的进度
先进先出	对本班组使用的物料做到先到的件先用，后到的件后用，这样做可以避免因时间过长造成的过期报废
工艺优化	通过对物料消耗使用量、材质等的优化降低成本

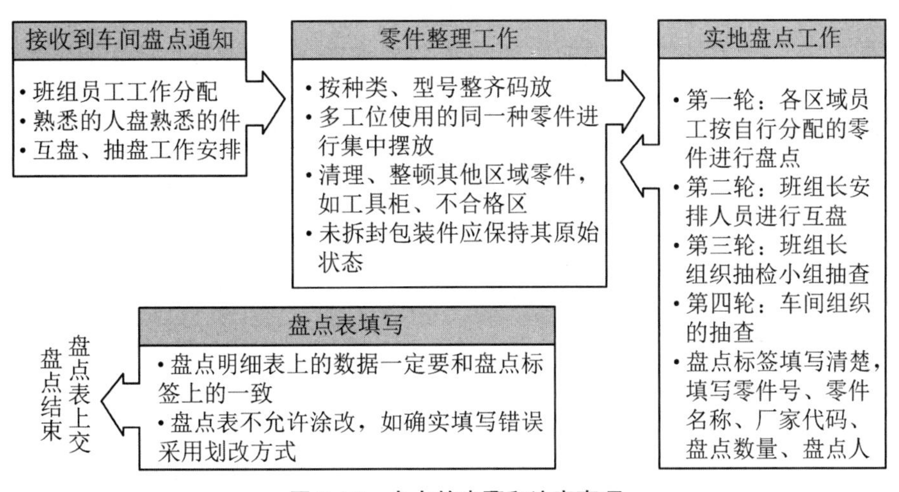

图 2.23　盘点的步骤和注意事项

3. 工具管理

工具的管理也是班组成本管控的一部分，这里简单地介绍工具管理的思路。

（1）工具借用

不常用的工具采用借用形式，在库房填写工具借用卡，将工具借走。应注意，工具必须在规定的时间内归还，以方便其他人借用。归还工具时，归还人必须填写归还日期及归还人姓名。

（2）工具领用

常用工具采用领用形式，填写个人或班组工具卡领用工具。工具卡一式两份，自留一份,库房一份。离岗或调岗必须办理相关的工具交接手续。个人工具应妥善保管,发生工具丢失时,个人应根据相关的规定进行赔偿。

常见工具管理的要求见表 2.36。

表 2.36 工具管理

管理项目	管理要求
领料控制	贵重工具按定额并遵循以旧换新方式领用,耗用性工具(如砂纸类)可结合实际情况确定领用控制方式
日常管理	做好班组工具的定期维护与保养,损坏的工具及时报修,做好每日工具交接,避免工具丢失
异常问题反馈	掌握报修、报废处理流程: 经工艺人员判定工具为正常损坏的,办理以下手续: 借用工具:打领料单将工具领回→ 填写工具报损单 →工具卡上销账 领用工具:填写工具报损单 → 工具卡上销账
修旧利废	拆除损坏的工具中的可用备件,修旧利废
工艺优化	通过工艺优化如合并工位、产品质量提升等方法实现工具耗用的降低

4. 动能管理

动能指的是生产活动中消耗的能源,如水、电、气。能源管理在班组的实现方式主要是通过减少使用的浪费来实现。

做好动能管理的要求见表 2.37。

表 2.37 动能管理

管理项目	管理要求
人走灯灭	停产、休息、就餐时间及时关闭各类能源设备(除工艺规定不能关闭的除外)
日常管理	能源管理责任到人,并安排班组成员经常性地进行检查
异常问题反馈	损坏的能源设备(如照明、气管)等及时报修,减少不必要损失
提高效率	提高工作效率是有效降低单品基础能耗的最佳方式
工艺优化	通过工艺优化,如改变能源参数、优化设备开关机时间等能大幅度降低能源消耗

5. 劳保用品管理

劳保用品是班组生产活动中的保障品。劳保用品在班组成本比重中占据不小的部分。其控制原则也是减少浪费为主(表 2.38)。常见的劳保领用原则:以旧换新。

表 2.38　劳保用品管理

管理项目	管理要求
领料控制	根据公司劳保用品定额进行物料领用，避免超定额领用情况，如确实有异常须提交申请由车间成本管理员负责处理
日常管理	向员工灌输发放劳保用品是员工的福利，不允许挪作他用；做好日常使用检查（重点是手套类）
异常问题反馈	异常损坏的劳保用品问题应及时反馈，便于车间与采购单位联系（可与车间成本管理员联系进行更换）
回收利用	如手套的清洗后再使用、结合工艺特点的劳保用品再利用
质量优化	对存在问题的劳保用品可以提出改进意见，便于公司采购性价比更高的物料使用

6. 常用台账表格示例

在班组的成本管理中，各种各样的数据都会被记录。常见的台账主要是记录表格，记录着物料、用品的领用和使用记录，示例如表 2.39、表 2.40、表 2.41 所示。在本书中，笔者推荐在此基础之上，加入成本的指标趋势示意图（图 2.24）。这样不仅记录了成本的发生，更直观地看到成本的趋势，为成本控制提供方向。

表 2.39　班组工具辅料领用记录表

年/月＿＿＿＿＿＿＿＿

序号	领用日期	班次	品名/规格	数量	单价（元）	领用人	工段长确认	总价（元）
1								
2								
3								
4								
5								
6								
7								
8								
9								
10								
11								
12								

续表

序号	领用日期	班次	品名/规格	数量	单价(元)	领用人	工段长确认	总价(元)
13								
14								
15								
16								
17								
18								
19								
20								
21								
22								
23								
24								
注:每月一结							累计:	

表 2.40 班组工废零件措施跟踪表

	零件名称	零件号	报废原因	数量	现场控制措施	责任工位签字	组员签字
工废							

表 2.41　班组成本指标月度跟踪表

＿＿＿＿部＿＿＿＿工段

年度指标(元/台)	单台消耗实际(元/台) 2 1.8 1.6 1.4 1.2 1 0.8 0.6 0.4 0.2 0 1月 2月 3月 4月 5月 6月 7月 8月 9月 10月 11月 12月										
元/台											
月份	1 月	2 月	3 月	4 月	5 月	6 月	7 月	8 月	9 月	10 月	11 月	12 月
单台消耗目标(元/台)												
单台消耗实际(元/台)												
单台累计消耗(元/台)												

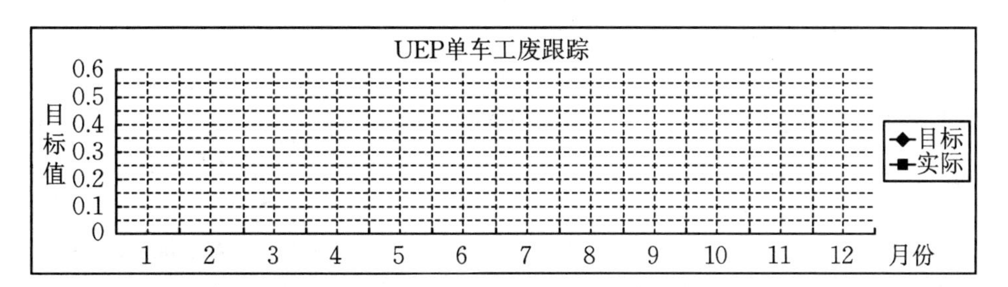

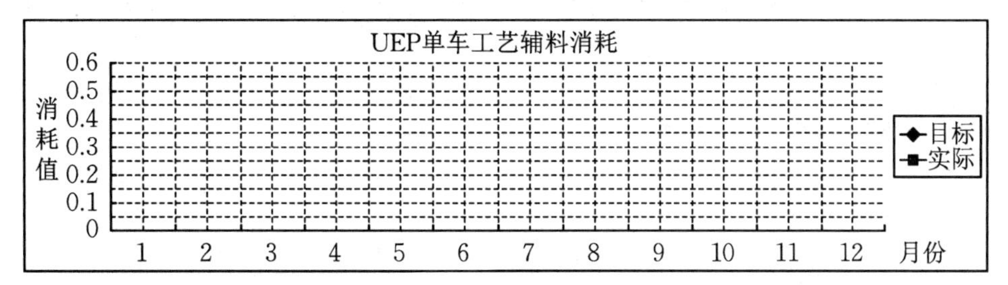

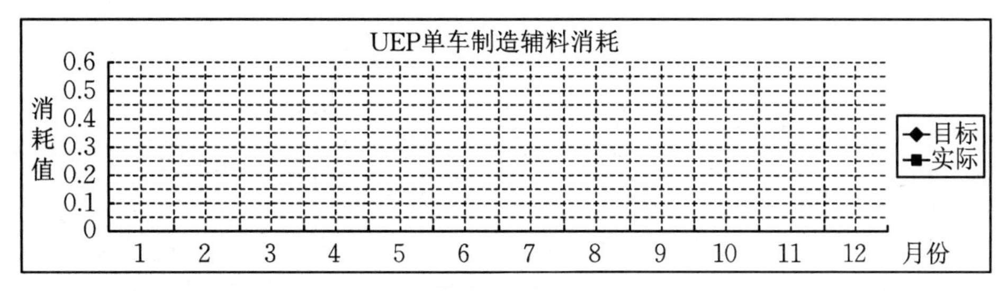

图 2.24　班组成本跟踪曲线

第六节　班组的人员管理

一、班组人员的基础管理

（一）员工档案建立

建立班组员工档案，可以增强班组长对员工基本情况的了解，加强班组长对员工的管理，挖掘员工的潜力，使班组的生产更加合理有序。员工档案将随着员工在公司班组及部门间的调动而调动。

① 班组长在员工到岗后一周内应建立员工档案，填写员工基本情况，包括员工的姓名、工号、性别、出生年月、籍贯、文化程度、身份证号、毕业学校、进厂时间、爱好、特长、家庭住址、联系电话、主要家庭成员、过往工作经历等。

② 班组长应根据员工的培训情况（主要是一些关键技术、技能方面的培训），及时填写员工的培训记录，以备后续岗位安排。

③ 班组长根据员工的奖惩情况（部门及部门级别以上的奖惩），及时填写员工的奖惩记录，以备员工管理。

④ 班组长在员工调离本班组前应针对员工的实际情况，认真、据实填写员工在本班组从事的工种和各种表现，形成班组评语。班组评语包括员工的工作态度、工作效率、工作质量、团队协作精神等。

⑤ 班组长在员工调来本班组前应与该员工原所在班组的班组长进行充分的沟通，了解员工各方面的表现情况，以利于尽早针对员工的工作表现，合理安排其工作岗位。在员工调来的同时接收其档案，并负责该员工在本班组工作期间档案的填写和保管工作。

（二）人员岗位管理

班组长在进行人员岗位管理时，须掌握以下内容：

① 班组长应熟悉班组的产能。

② 班组长应熟悉班组每道工序的产能，根据产能和需求量的大小合理分配各道工序的员工人数。

③ 班组长不能盲目地通过增补员工来达到增加产量的目的，而应尽量挖掘员工的潜在产能，给予员工适当的压力，以调动员工的积极性，促使员工发挥其潜在

产能。但所施压力不宜过大，以免适得其反。

④ 班组长在挖掘员工潜在产能后仍没有解决问题的，方考虑补充新的人员；新员工入职后，应随时关注员工动态，淘汰表现差的新员工，并及时掌握员工离职动态。

⑤ 人员补充。当出现以下情况时应申请人员补充：多名员工申请辞职，现有人员生产能力满足不了当前或未来一段时间生产要求。

⑥ 新员工管理。新员工新进公司，接受完公司级、部门级、班组级（一、二、三级）培训后，将被分派到具体生产小组。

（三）员工培训

1. 新员工培训

培训的内容包括岗位操作规范，设备、仪器仪表的使用，相关表单（如点检表、自检互检表、生产记录卡等）的填写，公司、部门相关规章制度及行为规范。

2. 特殊、关键岗位培训

对于从事特殊、关键岗位的员工应进行特殊、关键岗位培训，培训合格后员工方可独自操作。

班组长应了解本班组特殊、关键岗位，每道特殊、关键岗位的特点和特殊要求。班组长应为进行特殊、关键岗位培训的员工指定一名熟悉该岗位操作、能力比较强的熟练员工专门指导，直至该员工可以单独、熟练完成操作。在培训期间，组长应及时做好员工培训记录。同时还应密切关注员工的工作表现，及时做出适当调整。

3. 转岗培训

转岗培训人员视同新员工，按新员工培训要求操作。班组长应有计划地开展转岗培训，生产淡季时可以安排部分富余人员进行转岗培训，使每个员工都能熟练操作至少两道以上工序，每道工序都至少有一至两个后备操作人员。

4. 在岗培训

由于知识的快速更新及生产工艺等的持续改进，员工的知识层面及工序的操作方法需要不断地更新，班组长应对在岗员工及时进行培训。同时由于人的不稳定性及一线操作工序的重复、枯燥，有时会出现员工不按要求操作的情况，此时班组长应随时随地教导员工。

（四）员工考核

班组长应根据员工绩效考核表中的各项考核细则和本班组员工在上月中的具体表现，客观、公正地对员工进行考核。在对员工进行绩效考核时，在属实的基础上还应灵活掌握，适当拉开员工之间的差距，以达到激励的作用。

（五）员工激励

班组长应善于在与员工的日常接触、交流沟通中发现员工的个体差异，根据差异采用不同的激励方式。班组长应善于利用目标激励来激励员工。

班组长可以结合本班组的实际生产情况，定期举行相应岗位的技能竞赛。通过岗位竞赛，给予获胜的员工一定程度的奖励，调动员工的积极性，提高员工的质量意识和竞争意识，同时也可以使班组长动态了解该岗位的最大产能和潜在产能，有利于班组长通过相应的激励措施来挖掘这部分潜在产能。

对于班组内表现突出的员工，班组长可以将其纳入后备管理人员发展队伍，有针对性地制订培训计划。

（六）假期管理

班组长应控制不必要的请假，可以在平时的班会、早会及日常交流沟通中多做宣传，加强班组的凝聚力和员工的工作积极性，尽量避免员工不必要的请假，保证生产的需要。对于有必要的请假，班组长应尽快予以批准。对于因病情比较严重而请假的员工，班组长还应主动关心他们，并帮助他们解决一些实际的困难，让他们感觉到班组的温暖。对于请假时间比较长的员工，班组长还应主动与员工保持联系，及时掌握员工的动向。

（七）离职管理

员工由于主观、客观的原因，会提出与公司解除劳动雇佣关系，退出工作岗位。员工的辞职会基于员工的能力大小对班组的生产造成一定的影响，班组长应尽量将这种影响降到最小。

二、人员管理工具

班组管理台账是班组高效管理的重要载体，是确保班组管理工作有记录、管理可追溯、过程有监控的重要工具。

第一，班组台账是安全管理的有效手段。班组台账一般都有详细的格式，台账的格式是对行为的一种提示和引导，确保各项管理不漏项，例如，班组安全教育培训、班组每日人员管理、安全检查、质量故障及整改等内容。

第二，班组台账是班组工作展示平台。当上级部门来检查工作时，通过查看班组台账填写情况，便可从一定程度上判断其安全生产的落实情况、存在的问题等。班组台账既是班组建设的记录，又能从中折射出班组建设的实际水平。

（一）班组概况

顾名思义就是班组成员的概况，这是班组信息的主要组成部分。具体示例如表2.42所示。

（二）班组年度计划

针对企业、部门、工段逐级分解的年度目标指标和重点工作计划，结合本班组自身特点，明确本班组的年度工作目标和具体措施。具体示例如表2.43所示。

三、团队提升与自我提升

（一）团队建设

班组员工技术水平、班组管理水平、班组长整体素质、制度建设、班组团队建设等最基层的班组建设制约着企业的发展，班组自身建设的完善对企业安全稳定生产、长远发展有着至关重要的作用。

1. 各项规章制度建设

“没有规矩，不成方圆”，只有建立健全班组建设的各项规章制度，班组建设工作才能有章可循，才能实现班组建设的规范化、制度化、科学化。在制定规章时，要结合自身实际，让每一个班组成员充分发表自己意见，提出建议，反复研讨，制定出切实可行、操纵性强的制度。规章制度建立健全后，要果断按章执行，并随着情况的变化进展及时进行修订完善，使其更好地适应企业的发展，促进班组建设工作日趋成熟。

2. 班组建设工作的中心

班组建设工作的中心是完成生产经营管理任务，同时认清班组管理和执行的双重性，即抓好班组的基层管理并培养班组的业务能力。

3. 有效的绩效激励机制

运用经济杠杆，采取奖优罚劣的方法规范班组成员的行为。

4. 培训与辅导

首先要了解掌握员工专业理论、现场技能水平，然后针对岗位特点和性质的不同，分层次安排其岗位学习，从而做到有的放矢，提升班组整体业务能力。

（二）自我管理

1. 班组长职业生涯设计

（1）了解自己

表 2.42 班组成员的基本信息

班组名称	班组性质			□生产班组 □辅助班组	班组长		联系电话		兼职安全员		工会小组长	
班组岗位名称												
班组成员基本信息	姓名	工号	性别	出生年月	文化程度	家庭地址		联系电话 1	联系电话 2	入厂时间	进班时间	离班时间

表 2.43　班组年度工作计划

序号	目标/措施	指标	权重	责任人	20 ____年												所需支持	季度评审			
					1	2	3	4	5	6	7	8	9	10	11	12		1	2	3	4
1	目标																				
2	措施																				
季末综合评价																					
签名	批准/日期：		会签/日期：		编制/日期：							评审/日期：									

图例　○ 计划开始和结束　● 实际开始和结束

△ 计划控制/考核点　▲ 实际控制/考核点

□ ⊡ 计划工作持续　■ ▩ 实际工作开展期　□→⊡ 将持续到下一年度（右图为电子版方案）

月度 ● ▲ ● ▲ ● ▲ 季度　● 达标/完成　▲ 未达标(含5%内)/未完成(有行动计划)　× 未达标(5%外)/未完成(无行动计划)

一个有效的职业生涯设计，必须在充分且正确地认识自身条件与相关环境的基础上进行。对自我及环境的了解越透彻，越能做好职业生涯设计。

(2) 确定目标

目标的设定要以自己的最佳才能、最优性格、最大兴趣及最有利的环境等信息为依据。通常目标分短期目标、中期目标、长期目标和人生目标。

(3) 制定行动方案

正如一场战役、一场足球比赛都需要确定作战方案一样，有效的生涯设计也需要有能够执行的策略方案，这些具体的且可行性较强的行动方案会帮助你一步一步走向成功，实现目标。

(4) 开始行动

如果动机不转换成行动，动机终归是动机，目标也只能停留在梦想阶段。

(5) 评估和修正

影响一个设计的因素有很多，随着因素的变化要不断地对设计进行评估，修正目标、策略、方案。

2. 压力与情绪调整

班组长在工作中、生活中难免会有一些负面情绪，如何在班组管理中管理自己的压力和情绪，是每一个优秀的班组长都要学习的内容。这里只作简单介绍，在第三章第四节中有详细的阐述。

(1) 认识情绪

谈到管理情绪，势必要先对情绪有更清楚和正确的认识。因为情绪是自然的，那么所谓的管理就不是要压制情绪，而是在觉察情绪后，调整情绪的表达方式。

(2) 管理情绪

① 选择情绪。一个越懂得选择情绪的人，也就是越能换个心情的人。所以当我们心情不佳时，若能换个心情，以愉快的情绪来取代不愉快的情绪，将不易出现负面的情绪。

② 注意力转移。一个人遇事立刻发泄怒气，将会使愤怒的情绪在时间上延续得更长，倒不如先冷却一段时间，使心情平静下来后，再采取建设性的方法解决问题。平息怒火的其中一个方式是进入一个不会再激起怒火的场地，使激昂的生理状态渐渐冷却。

③ 适度表达愤怒。情感平淡，生命将枯燥而无味；太极端又会变成一种病态，如抑郁到了无生趣、过度焦虑、怒不可遏、坐立不安等。所以我们要如亚里士多德所强调的“适时适所表达情绪”。

④ 自我教导法。改变自己情绪、增加自信心的另一种方法就是自己找一句座右铭，或对自己说一些自我肯定的话以激励自我。当我们遇到挫折，心情陷入谷底

时，不妨告诉自己："要重新站立起来，天下无难事，只怕有心人"，为自己生命注入一股强心剂。

3. 自我塑造

（1）习惯的自我塑造

行为科学研究得出结论：一个人一天的行为中大约只有5%是属于非习惯性的，而剩下的95%的行为都是习惯性的。即使是创新，最终也可以演变成习惯性的创新。

一切的想法、一切的做法，最终都必须归结为一种习惯，这样才会对人的成功产生持续的力量。

另一个研究结论是：21天以上的重复会形成习惯；90天的重复，会形成稳定的习惯。同理，同一个想法重复21天重复验证21次，就会变成习惯性想法。

所以，一个观念如果被验证了21次以上，它十有八九已经变成你的信念。

（2）自我塑造的方法

首先要树立一个长远的目标，这是迈向自我塑造的第一步。要有一个你每天早晨醒来为之奋斗的目标，它应是你人生的目标。接下来就是锻炼自己即刻行动的能力。充分利用对现时的认知力，不要沉浸在过去，也不要幻想于未来，要着眼于今天，注重眼前的行动，要把整个生命凝聚在此时此刻的行动上。

第三章　智能制造时代下的班组管理能力提升

第一节　班组信息化管理能力提升

一、KPI 的定义与作用

KPI(Key Performance Indicator)指关键绩效指标。KPI 管理指的是对关键绩效指标进行考核从而对人员工作业绩进行评价的管理方法。KPI 管理被广泛应用于企业的经营管理中。

随着智能制造带来的信息化的进步，班组信息和生产过程越发透明，班组的各项信息数据也变得具有参考价值。随着企业精细化管理的深入，班组 KPI 指标越来越被企业管理者所关注。作为信息化的一个工具，班组 KPI 的设置和执行成为了智能制造时代下班组管理的一个新的标志。

然而多数企业对于班组 KPI 的设置并不完善，也缺乏相应的沟通渠道和沟通次数，导致班组多数情况下只注重产量目标，缺乏应有的自我赋能与创新能力。因此班组 KPI 的设置是一件非常具有意义的工作，它可以根据经营者的战略方针有方向地制定，从而对班组起到促进和赋能的作用，如设置班组创新改善 KPI、质量趋势 KPI 等。

智能制造时代下 KPI 的设置需要遵循以下几个原则：

① 班组 KPI 的设置要与上级管理部门的 KPI 进行联系。企业内的 KPI 都是为了企业的战略执行服务的，因此班组的 KPI 也必须符合企业的战略发展目标，并作为其上级部门 KPI 的延伸和细化。

② 班组 KPI 的设置一定要与班组长进行合理沟通。班组 KPI 的执行人是班组长，设置的 KPI 需要合情合理。过高的 KPI 会让班组放弃执行，过低的 KPI 不会引起班组长的重视。

③ 班组 KPI 要有相应的激励。KPI 一般与企业薪酬制度、激励制度相挂钩，

良好的KPI需要匹配合理的奖惩制度。

④ 班组KPI是可以变化的,可以根据企业的具体情况设置相应的KPI目标。

实践分享

某电子行业的班组KPI制度建立

1. 考核目的

客观、公正地分析和评价班组长履行职责情况及班组实际工作效果,并依据考核结果正确地指导分配、实施奖惩,以充分激发班组长的聪明才智和创造热情,保障企业的可持续发展,完善班组目标管理责任制体系。

2. 考核原则

① 重点考核原则:以工作目标和工作任务为依据,按照岗位职责标准对班组长进行考核。

② 分别考核原则:按对应的岗位职能设置考核要素,逐项进行考核。

③ 主体对应原则:由各自的直接上级进行考核,并就考核结果及时进行沟通。

④ 部门联动原则:班组长最终绩效受班组整体考核结果的影响。

⑤ 目标考核和专项考核相结合的原则:对各班组的质量、安全、成本等专项工作,设置相应的权重,与考核期内的目标任务完成情况一并纳入考核体系。

⑥ 可操作原则:考核标准明确、具体、可操作,从而客观、公平地测评各班组业绩大小、差距与不足,并据此做到奖罚分明。

3. 考核组织

生产部成立考核小组,对各班组进行考核。考核小组由总经理指定授权部门或行政部组成。考核结果由行政部汇总,并根据考核结果核定班组长绩效。

4. 考核方式

① 采用月度考核制,每月对班组长进行考核。各班组须在次月5号前上交本部门上月的绩效考核表到行政部存档,不能在规定的日期内上交考核表的,视为部门工作失误。每延误1天,对班组组长予以罚款100元处理。

② 采用通用评价和岗位职责评价法并结合目标管理法(班组整体工作目标完成情况)对班组进行考核。

③ 各班组以企业下达的月计划和班组职责为考核内容实施自评,考核小组根据班组工作目标完成情况评定考核结果。

④ 行政部对各班组长考核的过程和结果有监督权。对考核有异议的,可以直接向行政部投诉,由行政部调查后裁决。若在考核过程中弄虚作假,公报私仇,一经发现,对违规者予以100元罚款处理。

5. 考核评分办法

绩效指标评分等级分为:90分(非常优秀)、80分(很好)、70分(合格/称职)、60分(需要改进)、0分(不称职)。示例如表3.1所示。

表 3.1 KPI 绩效考核表

KPI	KPI 细分	计算说明	评分标准	权重	考核周期
安全目标(5%)	安全事故发生率为 0	车间内不可发生一起安全事件(员工集体事件,打架闹事事件、安全事件)	每发生一起扣 100 分,满分 100 分,最低分－200 分	5%	月度
质量目标(15%)	质量事故发生率为 0	本车间出现质量事故采取扣分制	违反 A 项扣 50 分、B 项扣 30 分、C 项扣 10 分,本项最高分 100 分,最低分－100 分	7%	月度
	工艺、操作规程执行力 100%	每发现一次不按工艺、设备操作规程要求执行,均记录归档	违反 A 项扣 50 分、B 项扣 30 分、C 项扣 10 分,本项最高分 100 分,最低扣 100 分	8%	月度
交期目标(10%)	月计划达成率 100%～120%	月计划达成率(A)＝月度累计转交叠片数/月度计划极片数×100%	当大于 100%时,得 100 分,本项满分 100,最低 0 分,达成率低于 80%为 0 分	10%	月度
成本目标(25%)	前段车间直接人工成本	≤2.82 元/颗(60AH)(以转交叠片数为准),$\sum$ 月度直接员工工资/$\sum$ 月度转交叠片的电池数量	每增加 0.01 元扣 20 分,扣完为止;降低 0.01 元加 10 分,最高 200 分,最低扣 100 分	7%	月度
	合格率≥95%	以涂布乘以制片合格率为准,叠片来料不良也核算入内	每降低 0.1%扣 20 分,扣完为止;每提高 0.1%加 10 分;上不封顶,最低扣 100 分	10%	月度
	极片报废率≤0.5%	报废率＝报废数/(本月合格总使用数＋报废数)*100	每提高 0.1%扣 10 分,扣完为止;每降低 0.1%加 20 分;最低扣 100 分。另发现极片乱用、乱扔现象,一次扣 30 分	5%	月度
	台账准确性			3%	月度

续表

KPI	KPI 细分	计算说明	评分标准	权重	考核周期
管理目标(45%)	月度员工流失率	旺季≤3%,淡季≤5%(日产低于5000颗为淡季)	每提升0.1%扣10分;本项满分100,最低0分	10%	月度
	现场5S	现场5S评分以车间综合检查评分为准,每周由车间主任组织一次联合检查评分,月度取均值	以月度综合评分为准	5%	月度
	综合管理水平	数据报表的准确性、计件核算管理、执行力、管理能力、工作表现等综合管理水平(人、机、料、法、环)	以车间主任打分为准	10%	月度
	综合管理水平	数据报表的准确性、计件核算管理、执行力、管理能力、工作表现等综合管理水平(人、机、料、法、环)	以生产部长打分为准	10%	月度
	综合管理水平	数据报表的准确性、计件核算管理、执行力、管理能力、工作表现等综合管理水平(人、机、料、法、环)	以生产副总打分为准	10%	月度

二、MRP/MRPⅡ/ERP/MES等信息化工具简介

(一)物料需求计划(MRP)

1. MRP简介

物料需求计划(Material Requirement Planning,MRP)是一种工业制造企业内物料计划管理模式。MRP是根据市场需求预测和顾客订单制订产品的生产计划,然后基于产品生成进度计划,组成产品的材料结构表和库存状况,通过计算机计算出所需物料的需求量和需求时间,从而确定材料的加工进度和订货日程的一种实

用技术。

其主要内容包括客户需求管理、产品生产计划、原材料计划以及库存记录。其中客户需求管理包括客户订单管理及销售预测，将实际的客户订单数与科学的客户需求预测相结合即能得出客户需要什么以及需求多少。

物料需求计划是一种推式体系，根据预测和客户订单安排生产计划。因此，MRP基于天生不精确的预测建立计划，“推动”物料经过生产流程。也就是说，传统MRP方法依靠物料运动经过功能导向的工作中心或生产线（而非精益单元），这种方法是为实现最大化效率和通过大批量生产来降低单位成本而设计的。

2. MRP的特点

（1）需求的相关性

在流通企业中，各种需求往往是独立的，而在生产系统中，需求具有相关性。例如，根据订单确定了所需产品的数量之后，由新产品结构文件即可推算出各种零部件和原材料的数量，这种根据逻辑关系推算出来的物料数量称为相关需求。不但品种数量有相关性，需求时间与生产工艺过程的决定也是相关的。

（2）需求的确定性

MRP的需求都是根据主生产进度计划、产品结构文件和库存文件精确计算出来的，品种、数量和需求时间都有严格要求，不可改变。

（3）计划的复杂性

MRP要根据主产品的生产计划、产品结构文件、库存文件、生产时间和采购时间，把主产品的所有零部件需要数量、时间、先后关系等准确计算出来。当产品结构复杂，零部件数量特别多时，其计算工作量非常庞大，人力根本不能胜任。

（二）制造资源计划（MRPⅡ）

1. MRPⅡ简介

制造资源计划（Manufacture Resource Plan，MRPⅡ）是一种生产管理的计划与控制模式，因其效益显著而被当成标准管理工具被当今世界制造业普遍采用。MRPⅡ实现了物流与资金流的信息集成，是CIMS的重要组成部分，也是企业资源计划的核心主体，是解决企业管理问题、提高企业运作水平的有效工具。简单来说，是在物料需求计划上发展出的一种规划方法和辅助软件。

MRPⅡ包含了企业的整个生产经营体系，包括经营目标、销售策划、财务策划、生产策划、物料需求计划、采购管理、现场管理、运输管理、绩效评价等各个方面。

2. MRPⅡ管理模式的特点

（1）计划的一贯性与可行性

MRPⅡ是一种计划主导型管理模式，计划层次从宏观到微观、从战略到技术、由粗到细逐层优化，但始终保证与企业经营战略目标一致。它把通常的三级计划管理统一起来，计划编制工作集中在厂级职能部门，车间班组只能执行计划、调度和反馈信息。计划下达前反复验证和平衡生产能力，并根据反馈信息及时调整，处理好供需矛盾，保证计划的一贯性、有效性和可执行性。

(2) 管理的系统性

MRPⅡ是一项系统工程，它把企业所有与生产经营直接相关部门的工作联结成一个整体，各部门都从系统整体出发做好本职工作，这只有在“一个计划”下才能成为系统，条块分割、各行其是的局面应被团队精神所取代。

① 数据共享性。MRPⅡ是一种制造企业管理信息系统，企业各部门都依据同一数据信息进行管理，任何一种数据变动都能及时地反映给所有部门，做到数据共享。在统一的数据库支持下，按照规范化的处理程序进行管理和决策，改变了过去的信息不通、情况不明、盲目决策、相互矛盾的现象。

② 动态应变性。MRPⅡ是一个闭环系统，它要求跟踪、控制和反馈瞬息万变的实际情况，管理人员可随时根据企业内外环境条件的变化迅速做出响应，及时决策调整，保证生产正常进行。它可以及时掌握各种动态信息，保持较短的生产周期，因而有较强的应变能力。

③ 模拟预见性。MRPⅡ具有模拟功能。它可以解决“如果怎样……将会怎样”的问题，可以预见在相当长的计划期内可能发生的问题，事先采取措施消除隐患，而不是等问题已经发生了再花几倍的精力去处理。这将使管理人员从忙碌的事务堆里解脱出来，致力于实质性的分析研究，提供多个可行方案供领导决策。

④ 物流、资金流的统一。MRPⅡ包含了成本会计和财务功能，可以由生产活动直接产生财务数据，把实物形态的物料流动直接转换为价值形态的资金流动，保证生产和财务数据一致。财务部门及时得到资金信息用于控制成本，通过资金流动状况反映物料和经营情况，随时分析企业的经济效益，参与决策，指导和控制经营生产活动。

以上四个方面的特点表明，MRPⅡ是一个比较完整的生产经营管理计划体系，是实现制造业企业整体效益的有效管理模式。

(三) 企业资源计划(ERP)

1. ERP简介

企业资源计划(Enterprise Resource Planning，ERP)，是由美国计算机技术咨询和评估集团提出的一种供应链的管理思想。企业资源计划是指建立在信息技术基础上，以系统化的管理思想，为企业决策层及员工提供决策运行手段的管理平台。ERP 系统支持离散型、流程型等混合制造环境，应用范围从制造业扩展到了零售业、服务业、银行业、电信业、政府机关和学校等事业部门，通过融合数据库技术、图形用户界面、第四代查询语言、客户服务器结构、计算机辅助开发工具、可移植的开放系统等对企业资源进行了有效的集成。

2. ERP 的特点

它汇合了离散型生产和流程型生产的特点，面向全球市场，包罗了供应链上所有的主导和支持能力，协调企业各管理部门围绕市场导向，更加灵活或“柔性”地开展业务活动，实时地响应市场需求。为此，重新定义供应商、分销商和制造商相互之间的业务关系，重新构建企业的业务和信息流程及组织结构，使企业在市场竞争中有更大的能动性。

ERP 是一种主要面向制造行业进行物质资源、资金资源和信息资源集成一体化管理的企业信息管理系统。ERP 是一个以管理会计为核心，可以提供跨地区、跨部门甚至跨公司整合实时信息的企业管理软件，是针对物资资源管理（物流）、人力资源管理（人流）、财务资源管理（财流）、信息资源管理（信息流）集成一体化的企业管理软件。

ERP 的提出与计算机技术的高度发展是分不开的，用户对系统有更大的主动性，作为计算机辅助管理所涉及的功能已远远超过 MRPⅡ的范围。ERP 的功能包括除了 MRPⅡ（制造、供销、财务）外，还包括多工厂管理、质量管理、实验室管理、设备维修管理、仓库管理、运输管理、过程控制接口、数据采集接口、电子通信、电子邮件、法规与标准、项目管理、金融投资管理、市场信息管理等。它将重新定义各项业务及其相互关系，在管理和组织上采取更加灵活的方式，对供应链上供需关系的变动（包括法规、标准和技术发展造成的变动），同步、敏捷、实时地做出响应；在掌握准确、及时、完整信息的基础上，做出正确决策，能动地采取措施。与 MRPⅡ相比，ERP 除了扩大管理功能外，同时还采用了计算机技术的最新成就，如扩大用户自定义范围、面向对象技术、客户机/服务器体系结构、多种数据库平台、SQL 结构化查询语言、图形用户界面、4GL/CASE、窗口技术、人工智能、仿真技术等。

3. ERP 功能模块

ERP 系统包括以下主要功能：供应链管理、销售与市场、分销、客户服务、财务管理、制造管理、库存管理、工厂与设备维护、人力资源、报表、制造执行系统、工作流服务和企业信息系统等。此外，还包括金融投资管理、质量管理、运输管理、项目管理、法规与标准和过程控制等补充功能。

ERP 将企业所有资源进行整合集成管理，简单地说是将企业的三大流：物流、资金流、信息流进行全面一体化管理的管理信息系统。它的功能模块已不同于以往的MRP或MRPⅡ的模块，它不仅可用于生产企业的管理，而且也适用于一些非生产性、公益性企业的管理。

在企业中，管理一般主要包括三方面的内容：生产控制（计划、制造）、物流管理（分销、采购、库存管理）和财务管理（会计核算、财务管理）。这三大系统本身就是集成体，它们互相之间有相应的接口，能够很好地整合在一起。另外，要特别一提的是，随着企业对人力资源管理重视的加强，已经有越来越多的ERP厂商将人力资源管理纳入了ERP系统，作为一个重要组成部分。

（四）制造执行系统（MES）

1. MES简介

MES是一套面向制造企业车间执行层的生产信息化管理系统。MES可以为企业提供包括制造数据管理、计划排程管理、生产调度管理、库存管理、质量管理、人力资源管理、工作中心/设备管理、工具工装管理、采购管理、成本管理、项目看板管理、生产过程控制、底层数据集成分析、上层数据集成分解等管理模块，为企业打造一个扎实、可靠、全面、可行的制造协同管理平台。

制造执行系统协会（Manufacturing Execution System Association，MESA）对MES所下的定义为："MES能通过信息传递对从订单下达到产品完成的整个生产过程进行优化管理。当工厂发生实时事件时，MES能对此及时做出反应、报告，并用当前的准确数据对它们进行指导和处理。这种对状态变化的迅速响应使MES能够减少企业内部没有附加值的活动，有效地指导工厂的生产运作过程，提高工厂及时交货能力，改善物料的流通性能，提高生产回报率。MES还通过双向的直接通信在企业内部和整个产品供应链中提供有关产品行为的关键任务信息。"

MESA在MES定义中强调了以下三点：MES是对整个车间制造过程的优化，而不是单一地解决某个生产瓶颈。MES必须提供实时收集生产过程中数据的功能，并做出相应的分析和处理。MES需要与计划层和控制层进行信息交互，通过企业的连续信息流来实现企业信息全集成。

2. MES的特点

① 实时性：MES实时收集生产过程中的数据和信息，并做出相应的分析处理和快速响应。

② 信息中枢：MES通过双向通信，提供横跨企业整个供应链的有关车间生产活动的信息。

③ 软硬一体：MES是一个集成的计算机化的系统（包括硬件和软件），它是用

来完成车间生产任务的各种方法和手段的集合。

④ 个性化差异大:MES 是负责车间生产管理的系统,由于不同行业甚至同行业的不同企业的生产管理模式都不同,因此 MES 的个性化差异明显。

⑤ 二次开发较多:由于 MES 的个性化差异明显,导致 MES 系统实施时往往需要二次开发。

3. MES 对生产企业的帮助

① 优化企业生产制造管理模式,强化过程管理和控制,达到精细化管理目的。

② 加强各生产部门的协同办公能力,提高工作效率、降低生产成本。

③ 提高生产数据统计分析的及时性、准确性,避免人为干扰,促使企业管理标准化。

④ 为企业的产品、中间产品、原材料等质量检验提供有效、规范的管理支持。

⑤ 实时掌控计划、调度、质量、工艺、装置运行等信息情况,使各相关部门及时发现问题和解决问题。

⑥ 最终可利用 MES 建立起规范的生产管理信息平台。

4. MES 发展趋势

新型 MES 的集成范围更为广泛,不仅包括制造车间现场,而且覆盖企业整个业务流程。通过建立能量流、物流、质量、设备状态的统一数据模型,使数据适应企业业务流程的变更或重组的需求,真正实现 MES 软件系统的可配置。通过制定系统设计、开发标准,使不同厂商的 MES 与其他异构的企业信息系统可以实现互联与互操作。

新一代的 MES 应具有更精确的过程状态跟踪和更完整的数据记录功能,可实时获取更多的数据来更精确及时地进行生产过程管理与控制,并具有多源信息的融合及复杂信息的处理与快速决策能力。

新一代 MES 支持生产同步性和网络化协同制造,能对分布在不同地点甚至全球范围内的工厂进行实时化信息互联,并进行实时过程管理,以协同企业所有的生产活动,建立过程化、敏捷化和级别化的管理。

三、班组长对数据的使用

(一) 尊重数据的有效性和真实性

数据作为信息化时代主要资源,已经充斥着生活和工作的各个角落。在工作的场合中,我们越来越多地听到这样一句话:“请提供你的数据支撑你的观点。”因此,数据作为工作的一个要素,被越来越多的人作为工作内容和效果的佐证。

过去很多的生产过程都属于黑盒子的状态，过程数据被有意无意地遮掩下来，因此，班组长在工作中往往忽视了数据的作用。随着智能制造时代的到来，数据逐渐透明，却也让一些班组长手足无措。那么班组长应该如何处理以及分析这些数据呢？最基本的要求就是认识到这些数据的重要性，在面对数据时班组长需要做到以下三点：

(1) 求证数据的真实性和有效性

在班组活动过程中，我们遇到的数据来自各个方面，有系统生成的数据，也有口口相传的数据。假数据往往会给我们的决策和动作带来错误的方向。因此，在获得数据的第一时间，班组长需要对数据的真实性做出基本的判断，若数据来源的渠道、时间以及内容存在疑问，一定要进行数据真实性的验证。

(2) 坦然面对已经产生的真实数据

当获得"不好看"的数据的时候，人的心理往往是第一时间开始抵触，甚至寻找相应的借口对数据进行解释，尤其是与切身业绩相关的数据不好看时，数据带来的负面情绪往往会让人做出错误的决定。因此，在面对真实的数据时，要抱着客观求真的心态去分析问题，寻找改进方案，这样才能体现精益化管理精髓。

(3) 如实传递真实的数据

在获得数据后，往往需要针对后续的工作进行数据分析。很多时候数据分析并不是由一个人完成的，因此数据的透明传递就变得很重要。尽管目前信息传递系统很多，但是依然有信息传递的被操控的可能性。作为企业活动的细胞，班组长要从自身做起，做到数据传递的真实有效。

(二) 对基本数据进行简单的分析和处理

在拿到数据后，若不对数据进行加工，就像是矿山无人开采而无价值一样，因此需对数据进行分析和处理。

班组长接触的数据可以归为第二章节中关于安全、质量、效率、成本和团队管理的几个部分，绝大部分的数据都来自于这些工作的归纳和总结，我们需要对数据进行以下一些基本的处理：

(1) 异常数据的预警

异常数据指的是与平时不一样的数据类型。这样的数据基础首先来自于平时数据的积累，如平时建立的各类台账。因此，平时的数据收集工作尤为重要，不仅要建立某些数据的标准，更要提高班组对数据的敏感度。例如，我们可以通过安全隐患数量的波动来评估班组的安全工作，也可以通过效率数据的上下限跨度来评估负载率的冗余，等等。

(2) 数据的联动性

数据之间是有联动性的,我们提到生产过程的数据可以分为五大块,这五大块之间存在非常强的关联性。比如产量提升可能会带来设备的磨损、安全隐患的增幅、成本的增加以及质量的下降,值得注意的是,在这种情况下,可以通过基本的数据运算来关注更加本质的数据类型。比如产量成本双增加的时候,我们可以关注单位产量与成本之间的关系来进行数据联动。这样的数据联动并不是一成不变的,各班组可以根据自己的需要进行数据联动,找到可以使用的组合。

(3) 数据的预测

利用数据的联动性和异常报警机制,可以对数据进行一些预测。比如上一段提到的产量提升带来成本和安全的波动,我们可以根据数据积累中计算出来的单位损耗或单位比值来预测可能的总体数据。

(三) 根据数据做出及调整工作计划

通过数据的分析和处理,我们可以预测到一些数据波动。这些数据波动意味着在未来的工作内容中可能存在的一些变数或惯性。所以当我们掌握了一些规律以后,可以将数据的价值发挥出来,即根据数据内容制订工作计划、调整工作计划和决策。

例如,当我们发现安全隐患数量开始增多时,可以判断工作环境的安全系数在下降,此时组织一次安全排查就显得尤为重要,这样可以避免后续遇到麻烦。或者当我们发现效率变高、工作时长增加时,设备的维护、劳保用品的补充、人员状态的巡查就应该加入到我们的工作计划中。或者当我们注意到单位成本存在较大波动的时候,减除浪费的工作就可以提上日程。

由此可见,数据的利用对我们的工作,尤其是预防性工作起到了非常关键的作用,也为我们的工作决策提供了帮助。班组长在信息化时代中对数据应用的程度,体现了其工作水平。

第二节 OJT 在岗培训

一、OJT 的相关概念

所谓 OJT,就是 On the Job Training 的缩写,即在工作现场内,上司和技能娴熟的老员工对下属、普通员工和新员工们，通过日常的工作，就必要的知识、技能、工作方法进行教育的一种培训方法，又称“职场内培训”。它的特点是在具体工作中，一方示范讲解，另一方实践学习，有了不明之处可以当场询问、补充、纠正，还可以在互动中发现以往工作操作中的不足、不合理之处，共同改善。

OJT 的长处在于，可以在工作中进行培训，两不耽误，双方都不必另外投入时间、精力和费用，而且还能使培训和实际工作密切联系，形成教与学的互动。其短处在于，负责培训的人如果不擅长教育别人，则成果会不理想，而且工作一忙起来，往往就顾不上认真、详细地说明讲解了。

需要强调的是，OJT 必须建立在提前做出计划与目标的基础之上，否则单纯地让员工“一边工作一边学习知识技能”，那就不叫 OJT 了。

因此，OJT 主要体现出以下 4 个方面的优势：

(1) 帮助员工制定明确的绩效目标

首先得让员工知道自己该做什么，做到什么程度，工作做好的标准是什么？班组长要帮助员工制定明确的绩效目标，帮助员工提高订立目标的能力，让员工学会用目标指导自己的工作。

(2) 帮助员工有效执行目标

没有有效的执行，任何理想的设想和规划都没有任何实际意义。另外，由于工作中流程问题、人际关系问题、员工能力问题、一些突发事件、其他未可预料的问题的客观存在，都可能导致员工在执行目标的过程中出工不出力、费力不讨好，导致员工执行目标变形。

(3) 领导员工创新工作

创新是对原有工作的改善和提高，是对未来的深入思考和前瞻性的预测。只有不断创新，员工才能不断地被激励，潜能才能不断地挖掘出来，培训才有更好的效果。应不断提出创新的建议，改善工作流程，提高工作效率，让员工在工作中不断激发创新的动机和潜能。

(4) 帮助员工总结工作

帮助员工不断对自己的工作做出实际总结，在总结中获得提高和进步。

二、OJT 的实施

在智能制造环境下，OJT 培训可以整合成三个部分：前期准备、培训步骤和后期总结。

(一) 前期准备:明确目标和任务

在前文中,我们提到 OJT 能够帮助员工有效地明确绩效、执行目标,为做好这项工作,需要向员工传递 4 个明确信息。

(1) 岗位工作的意义

为什么我要做这份工作?这份工作对整体工作或者流水线来说有什么样的贡献?基层员工的工作往往简单,工作意义也可以说得言简意赅,但是正是由于简单,班组长很少会和班组成员解释这样做的意义。因此这部分的工作需要重视,帮员工明确工作的意义,让他们觉得"这么做是很有价值的":即使是制造一颗螺丝钉,也是企业生产过程中非常重要的一环。

(2) 岗位工作的内容

岗位工作内容指的是在这个岗位上工作的具体内容,如机械操作、数据录入等,都是工作内容的范畴。对于工作内容的良好描述能够帮助员工理解自己工作的核心要求和技能,帮助员工在培训中主动关注相关的技能。

(3) 工作的目标

目标相比于意义,是更具体的任务目标。在员工有了"这么做有价值"的意识后,工作目标就是具体的工作任务,比如在生产线上,我们对员工下达的产量目标。

(4) 完成的标准

有了目标以后,我们需要对目标附加一些标准来帮助评判员工的绩效,比如"完成 7 个焊点的焊接"与"在单位节拍 120 秒内完成 7 个焊点的焊接,使其达到质量一级标准"的任务内容,两者差别是相当巨大的。员工明确了业绩要求,才能更好地发挥主观能动性。

(二) 培训步骤:言传身教七步法

我们采用的是常见的七步法,笔者对七步法进行了一些补充,帮助更好地完成培训。

第一步:做给他看。指的是亲自示范一遍工作的内容给班组成员看,一定要认真、仔细、缓慢地操作一遍。

第二步:说给他听。指的是在做的过程中,我们仔细地讲解每一步的操作方法和执行标准,让班组成员知其然更知其所以然,以加深对知识点、技能点的理解。

第三步:让他做给你看。指的是完成了指导后,要当面让班组成员试着进行逐步操作,并及时地指出操作过程中出现的问题。

第四步:让他说给你听。指的是在班组成员完成了一遍操作后,让班组成员试着讲解每一步的步骤和内容，进行查漏补缺。可以在完成整个操作后，也可以在他学习操作的过程中，甚至可以在完成一系列操作后进行，尽量避免在第三步的过程中随意打断班组成员的思路。

第五步：让他试试看。指的是让班组成员独立进行连续步骤操作。与第三步的分步操作不同，这一步是让班组成员一次性完整地完成整个作业过程且不加干涉。若班组成员能够独立按照标准完成，说明班组成员在能力上已经达到了独立操作的水平。若不能完成此步，可以按照前四步进行反复。

第六步：放手让他干。指的是班组成员具备独立工作水平后，放开手让班组成员进行操作而不再进行过多的纠正性工作。班组成员完成第五步时，已经具备了独立操作能力，应让班组成员自行培养独立思考的能力，而不强加过多的附加内容。

第七步：回头看看。指的是在工作一段时间后，回头看看班组成员的工作是否得到了提升，工作效率和方法是不是存在闪光点或不足。有效地进行鼓励和点评是这步的关键，其目的是培养学员独立创新的积极性和能力。

（三）后期总结：合理评估与技能矩阵

培训完成后，并不代表着我们对该员工的持续培养完成了，后面还需要对员工进行一定程度的评估。评估的方式有很多种，根据我们对于 OJT 作用的理解，仅仅完成工作任务并不是我们所期待的培养方式，后期还会对员工进行全面评估和档案归纳。在此我们仅介绍对班组成员的一般评价方式。

1. 评价方式

（1）及时评估

在培训过程后，我们要立即对学员进行有针对性的评估。这样的评估主要是为了评估员工的学习程度，即所学的内容能否达到独立工作的标准。这样的及时评估的作用主要是为了让班组长能够快速地了解班组成员的学习状况，让员工快速地投入到工作当中去。

（2）阶段评估

在员工进行独立操作后，要对此阶段员工工作程度和效率进行评估。这样的评估除了提升员工的学习动力外，更重要的是为班组储备更多的“师父”，打造更多的班组精兵。

（3）综合资质评估

在第一章中，我们讲过班组长需要具备的工作资质包含了业务能力、方法能力、个人能力以及社交能力。那么综合资质评估就是在 OJT 的实践过程中评估一个人的工作资质。评估在注重业务能力和效率能力的基础上，对其社交能力提出了新的要求。这样的评估将帮助班组进行更多的班组长人才储备,并进行因材施教。

2. 技能矩阵

一般都是以班组人员技能熟练度分配工作任务,技能矩阵是记录班组人员技能水平的一种工具,班组长可以根据技能矩阵安排班组工作。

矩阵中一般分为四个等级:第一级为培训阶段,第二级为能在别人指导下工作,第三级为独立工作,第四级为能够培训别人(表 3.2)。

技能矩阵的引入是为了更好地评估员工当下技能的熟练程度,对提升团队能力有着非常重要的意义。

三、班组实行 OJT 的要点

OJT 作为实战型的培养班组个人能力的方法,在众多场合中都受到了好评。其学习的本质是目标明确的体验式学习。做好班组的 OJT 学习,需要班组长具有正确的理念和心态,在实施上需注意以下几点:

(1) 抱着一颗培养组员的心

培养组员的目的,不只是为了使其能够有效地开展目前的工作,还在于能够帮助班组不断地培养业务精兵,从而帮助班组长更好地完成业务指标,实现工作上的创新。

(2) 对于组员的培养要持之以恒

身为一线管理人员,千万不可认为只需要教会组员一次或提醒组员几句组员就可以完全胜任工作。尤其是在完成"让他试试看"的步骤后,不可盲目地让组员独自进行工作,需要不时地确认和持续地培养。

(3) 引导组员树立正确的价值观

有的时候会出现组员为了完成工作任务而不择手段,常见的例子便是装配工作中的暴力装配,这将影响产品的质量和企业的声誉。因此,引导下属树立正确的价值观也是组员培养过程中必不可少的部分。

(4) 练好基础打好根基

在培养过程中,切记"欲速则不达"的理念。在日本企业的成功案例中,装配工在上岗前必须苦练拧螺丝的技巧和标准,达到快速精确和质量达标,这样的要求夯实了员工的技能基础。

(5) 加强并发展优点

扬长避短是一个组织持续发展的条件之一。发展优点不仅可以树立团队的自信心,更能提高班组的硬实力。在培养组员时,针对其优点给予指导是非常重要的

表3.2　技能矩阵示例

技能矩阵			部门:	科室:	工段:	班组长:	班次:			日期:		
	姓名	职位	逻辑气路	气动吊装设备	电动吊装设备	可编程序控制器	螺柱焊	焊钳	焊接控制器	积放链	机器人	涂胶设备
1		TL	⊕	⊕	⊕	⊕	⊕	⊕	⊕	⊕	⊕	⊕
2		TM	⊕	⊕	⊕	⊕	⊕	⊕	⊕	⊕	⊕	⊕
3		TM	⊕	⊕	⊕	⊕	⊕	⊕	⊕	⊕	⊕	⊕
4		TM	⊕	⊕	⊕	⊕	⊕	⊕	⊕	⊕	⊕	⊕
5		TM	⊕	⊕	⊕	⊕	⊕	⊕	⊕	⊕	⊕	⊕
6		TM	⊕	⊕	⊕	⊕	⊕	⊕	⊕	⊕	⊕	⊕
7		TM	⊕	⊕	⊕	⊕	⊕	⊕	⊕	⊕	⊕	⊕
8		TM	⊕	⊕	⊕	⊕	⊕	⊕	⊕	⊕	⊕	⊕
9		TM	⊕	⊕	⊕	⊕	⊕	⊕	⊕	⊕	⊕	⊕

培训阶段	指导下工作	可以独立工作	能够培训他人		更新日期:	下次更新日期:	签字(工段长):
⊕	⊕	⊕	⊕				

技巧，强调其优点远比改正其缺点成本低得多，效果也大得多。

(6) 塑造一个有启发性的组织气氛

要提高OJT的整体效果，使组织洋溢着启发性的气氛是十分重要的。这种组织气氛的塑造，对管理而言是困难的，但也是很重要的。为了营造这种气氛，班组长必须以身作则，率先进行自我启发；奖励具有创意性的意见与提案；致力扮演一个好听众的角色；推动部门内例行的学习研讨等。

总而言之，OJT塑造的是一个良好的积极的学习氛围。

第三节　班组现场问题综合管理

在现场管理中，班组长不可避免地会遇到很多问题，解决问题的速度是班组长管理能力的一个重要体现，解决问题需要把握一个中心，复杂的问题简单化，简单的问题系统化。这样就要求班组长具备拆分问题的能力，同时还需要将简单问题的思考高度提升，从更高的维度去思考问题解决后带来的后果。

一、问题的发现与描述

（一）现场问题的分类

不论是生产型班组还是服务型班组，在现场总会面临问题。很多人会把问题分类为技术类、一般类、管理类等，这样的分类各有特点，由于班组现场往往是企业业务的最前线，因此对问题的响应有着比较高的要求，所以本书推荐使用重要度与紧急度的分类方法对班组问题进行分类，如图3.1所示。

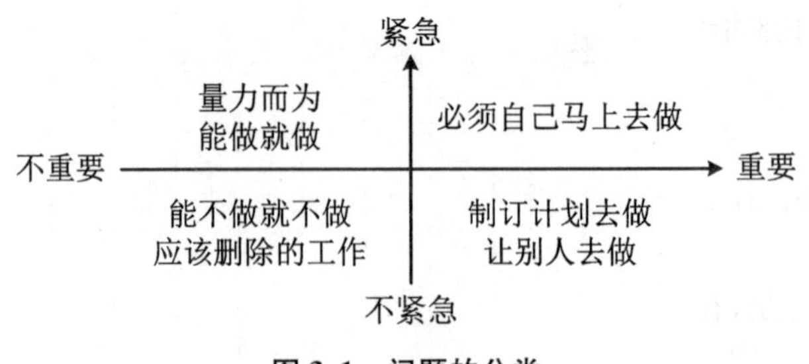

图3.1　问题的分类

根据图3.1，我们将问题分为四类。

① 重要而紧急的事情，如生产线停机、客户现场投诉、生产计划临时改变等。

② 重要而不紧急的事情，如产能提升、班组管理提升、生产物料刚低于安全线等。

③ 紧急而不重要的事情，如旁听的会议、帮助接待客户等。

④ 不紧急不重要的事情，如休息时的娱乐消遣、无效办公室社交等。

在这里需要注意的是，随着时间的推移，重要不紧急的事情很可能在下一秒变成重要而紧急的事情。多数班组长在一线处理问题的时候，往往忽略了需要制订计划把重要不紧急的事情处理掉，因此经常处于紧急重要和紧急不重要的事情状态中。紧张的工作状态会让班组长感到身心疲惫、士气低落，因此需要有意识地按计划处理重要而不紧急的事情。

在处理问题花费的精力上，我们建议重要紧急的事情占用大约10%的工作时间，80%花费在重要不紧急的事情上，10%花费在紧急不重要的事情上。很多人疑问为什么我们只花10%的精力去处理紧急重要的事情，其实很简单，90%重要紧急的事情都是来自于重要不紧急的事情拖延造成的。

（二）现场问题处理流程

很多企业都有自己的问题处理流程，包括丰田体系、戴姆勒体系的8D流程等，都是非常好的问题解决流程。不论什么样的问题，解决流程多数都是围绕着一个思路展开，即如图3.2所示的模式。各位班组长在处理问题的时候，若能够有意识地按照这个思路去理解处理，将会获得不一样的体会和收获。

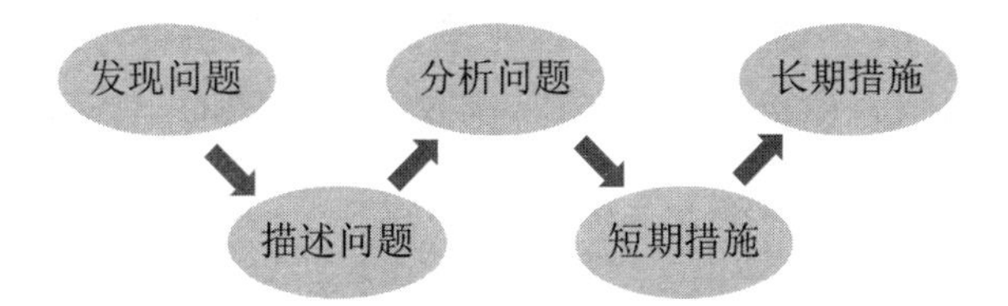

图3.2　问题处理基本流程

短期措施主要指的是，在条件限制的情况下短期应对的方法。有时短期措施能够满足解决问题的需要，有时候仅仅是把紧急重要的事情降低成为紧急不重要的事情。

长期措施包括但不限于根本解决问题的方法，如后期标准化措施、制度完善等等。

值得注意的是，在制定短期措施的时候，不可以与长期目标、公司价值观相违背，否则制定的短期措施很有可能带来更大的问题或风险。

（三）发现问题与描述问题

1. 发现问题

人们都知道防患于未然的必要性，但是做到防患于未然，是需要一定的问题发现能力。举个例子：

若一个人每天都驾驶自己的汽车上下班，那么他对自己的汽车将会形成一种记忆：对车况的一种机械式的记忆。当某一天车子出现发动机抖动、刹车抖动或者其他异常情况时，那么这个人很可能在第一时间就感觉出来并加以处理。这样的一种问题发现方式往往能够在问题还没有扩大之前进行防患。

班组工作很多情况下和上面的例子中一样，是可以被标准化的重复性动作。因此在日常的工作情况中，班组长需要对业务流程进行一种思维培养，即什么是标准化的工作状态？这样的方式能够让班组长形成对标准工作状态的一种记忆，当出现与标准状态不太一样的波动时，班组长就能够敏感地察觉。

值得一提的是，并不是所有的异样都是问题，有的异样可能孕育一个小的改善。如发现某员工的操作并没有按照标准进行，但是提高了速率和质量合格率，那么这样的差异可以固化下来，形成新的操作标准。

综上所述，班组发现问题的渠道主要还是在对标准化的一种固化理解基础上形成的寻找差异的习惯，这样的习惯是可以进行引导和培养的。在这里，向大家推荐一个标准作业检查表（表 3.3）。

表 3.3 是某汽车厂对班组长的标准化检查指导，仅供参考。表中涵盖了对标准化文件、标准化执行、设备状态、突发情况及改进方向的一些检查。这些检查固化了检查频率后，能够帮助班组长建立对于标准工作状态的固化记忆。但值得注意的是，表中内容并不是一成不变的，各个企业可以按照自身的情况，对检查条目、频率进行合适的调整。最终目的是在不大量增加班组长工作量的情况下，帮助班组长来固化标准工作状态，及时发现工作中发生的差异。

2. 描述问题

如何描述问题？这是大多数基层班组都会感到困惑的一个问题。我们来看下面一个例子。

A 是侧围生产线的一个新晋班长，某天在生产线上的总检工位发现了零件表面上的一个坑。

A 观察了一会，发现这个坑连续三辆都出现了。

按照控制计划，A 将问题上报给了工程师。

悲剧开始了……

工程师问他出现了什么问题，A 说侧围上出现了坑。

表 3.3　标准化检查表

日期	工段	班组	工位号	操作者	监督者	状态*

标准化作业的确认			备注：(请对应对位置做出标记)
工作内容和工作顺序：	是	否	
1. 工位文件"工艺文件""安全四清楚书""SOP"是否齐全，日期、签字是否规范？	□	□	
2. 操作者是否经过培训上岗(技能矩阵)？是否有教育记录？	□	□	
3. 操作者是否根据既定的工艺文件操作？	□	□	
4. 操作者是否在规定的节拍内完成操作？	□	□	
5. 当存在不符合项或停机等待时，操作者是否知道如何去做？	□	□	
安全：			
6. 操作工是否正确佩戴及使用劳保用品？	□	□	
7. 工位周围的设备或者物料摆放是否存在潜在安全隐患？	□	□	
质量：			
8. 质量部门的问题是否反馈到工位员工？	□	□	
9. 对于出现的问题是否有应对措施？	□	□	
10. 对于出现的问题的处理流程是否清楚？	□	□	
设备：			
11. 电极修磨器刀片是否按时更换？	□	□	
12. TPM 是否执行？记录内容是否有效？	□	□	
13. 重大设备隐患是否清楚？是否确认？	□	□	
工位设计：			
14. 工位上是否存在人因工程不协调因素(如取料距离过长、工位布局不合理)？	□	□	
15. 是否符合 5S 定制(比如工装夹具)？	□	□	
16. 是否有进一步的改进意见？	□	□	

第 4 项下附表：

1	2	3	HPV	JPH

班组长巡查：			建议/改进：
1. 班组各项看板是否更新、有效？	□	□	
2. 班组质量是否按时抽查、记录？	□	□	
3. 班组 5S 管理是否合格？	□	□	

工程师问他出现了几个坑？A说三个。

工程师问一个侧围三个坑？A说不是，三辆车三个。

工程师问位置呢？A说后面。

工程师问后面是哪里？A说小窗那里。

工程师问现在还出吗？A打了个电话。

工程师问有照片吗？A跑了一趟，拍了一张照片。

工程师看了照片问，出现位置都一样吗？A又跑了一趟。

工程师问来件有吗？A又跑了一趟。

工程师问影响大吗？能在线修吗？A回去试了一下，不能。

工程师问库里有储存件吗？A又跑了一趟……几乎一个上午，这个问题才准确地表达给工程师。

在这个问题的描述中，班长A犯的一个错误就是没有很好地整理全面的信息，没有考虑倾听对象所需要的信息。这样的错误导致了沟通成本的增加、时间的浪费。因此，在描述问题的时候，我们需要遵循以下几个原则：

(1) 描述问题时，要尽可能提供完整的信息

如时间、地点、人物、事件、标准状态、现实状态等。

(2) 描述问题时，只说问题现象，不加以任何推测

如我们在描述时，经常会这么说，某工位因电机发热停转了，应该是电机烧坏了。实际上，描述问题的时候并没有排查出问题的根本原因，这样传递信息的时候，容易给接受信息的人员带去不必要的错误引导。电机可能真的烧坏了，也可能是因为机械结构卡死造成发热，这是两个不同的问题，处理方式也不一样。因此，正确的描述方式是，某工位电机停转了，伴有发热的状态。

(3) 根据倾听对象的不同，需要加入或减少不同的信息

在上例中，工程师需要得到的信息是零件缺陷的状态和频次以及更多技术性的指标，以此来做出初步的判断，因此，要为工程师尽可能地准备全这类信息。而如果描述对象是上级，技术问题并不是其关心的内容和决策依据，因此要加入库存量、影响程度等内容，来帮助其做出对问题的短期决策。

(4) 描述问题应从全局出发，再细致到局部

举个例子：

为了辅助问题的描述，我们常常会拍一些照片来帮助我们准确地表达。某班长为了确定一个小异常是否会影响产品质量，于是拍了下面这样一张照片(图3.3)。

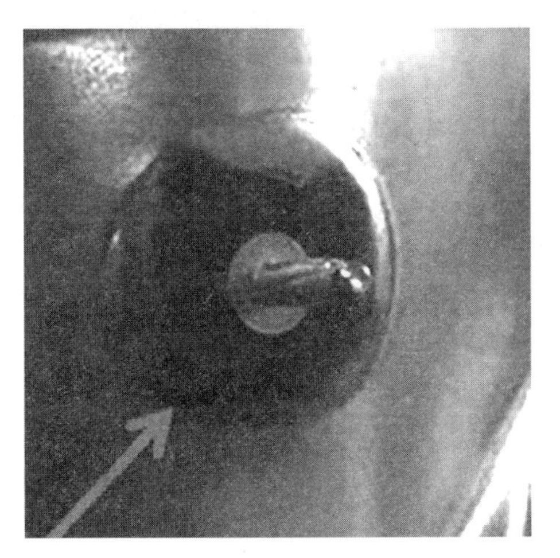

图 3.3　错误的照片描述示例

他将这张照片发送给工程师并询问意见，但是工程师却没有办法给出他想要的答案。该图细致程度已经足够了解细节的情况，却缺少了在系统中的参照物，质量工程师无法判断这个零件的重要程度以及和系统的配合度。

因此，好的问题描述，一定是对全局进行了“描述”后，再对细节进行放大，同时配上相应的说明（图 3.4）。

图 3.4　正确的照片描述示例

关于问题的描述，很多企业都有自己独特的表格来进行标准化的训练，表 3.4 是福特汽车所使用的一种表格。

表 3.4 福特公司用于问题描述的表格

	是什么(IS) (查证后存在差异)	不是什么(IS NOT) (怀疑，查证后无差异)	差异是什么	什么改变了	潜在原因	备注
什么 (What)						
何处 (Where)						
谁 (Who)						
何时 (When)						
扩展 (Extend)						

这样的表格各企业可以根据自身需要进行改良，其目的是帮助班组长在第一时间对问题信息进行整理。

描述问题之所以重要，是因为好的问题描述在初期阶段就能够对问题进行拆解。所以有一种说法是，当把问题描述清楚时，问题已经解决了一半。

二、问题的分析与解决

在第二章第三节中，我们以 QC 小组的内容对问题分析流程给出了比较详细的流程展示。在本小节中，为了让读者更深入地理解如何正确使用问题分析工具，我们将对问题分析中最常使用的工具进行补充说明。

(一) 分析问题

当问题被准确描述出来后，往往需要对问题进行分析。分析问题的工具有很多，包括过程映射、鱼骨图、5WHY(5 个为什么)等。

1. 过程映射

过程映射指的是，按照标准的作业流程进行过程推演，找到出现问题的关键步骤，从而进行黑盒子拆解。筛选关键步骤的原则是：预先假设某一步骤的输入或输出出现了偏差，如图 3.5 所示。

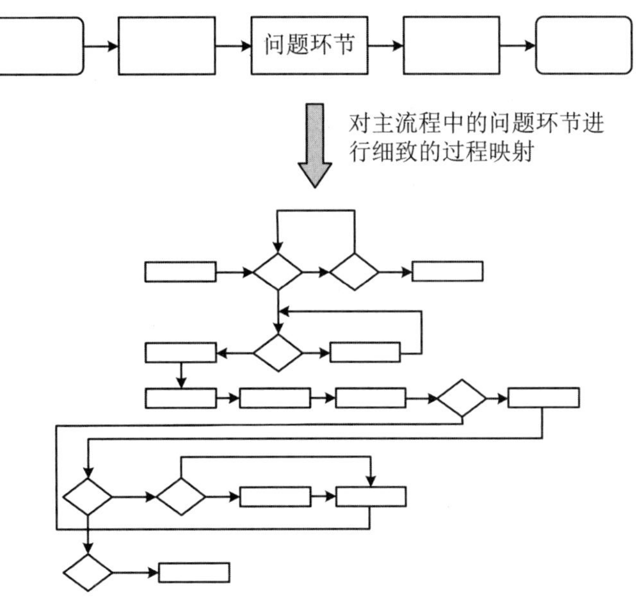

图 3.5　关键过程映射图

图中对最顶端的流程进行拆解，发现第三步是出现问题的一个环节。这个环节可以通过对比输出来发现。当发现出现偏差的时候，我们对它进行详细的分解，得到详细的流程图。在详细的流程图中，我们可以找到输入差异、操作差异，从而进行归正处理。这样一个过程就是过程映射。

2. 鱼骨图

鱼骨图是一个比较经典的问题分析工具，由日本管理大师石川馨先生发明。鱼骨图主要探寻多方面输入因素对结果的影响。我们使用过程映射，找到了关键步骤后，可以使用鱼骨图来寻找导致输出偏差的原因，如图 3.6 所示。

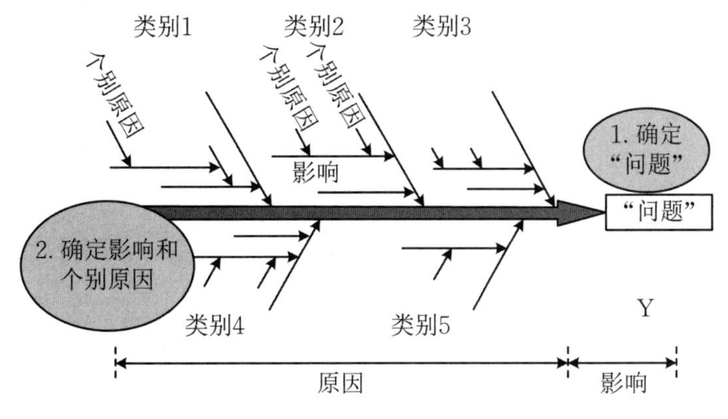

图 3.6　通用鱼骨图

在鱼骨的分支中，通常我们会使用人、机、料、法、环来做一个比较完整的输入分类。其中，“人”指的是人员带来的偏差因素，“机”指的是工具、机械带来的偏差因素，“料”指的是物料带来的偏差因素，“法”指的是加工过程或者流程带来的偏差因素，“环”指的是环境带来的偏差因素。

上述因素可以涵盖90％的现场问题因素，从而帮助大家寻找可能存在的偏差带来的影响。

使用鱼骨图时，通过穷举法可以对分支进行因素分析。不少问题需要几层鱼骨图的套用才能被分析出来。如某工位加工效果不理想，使用第一次鱼骨图发现，人员在操作时没有按照标准工艺进行；使用第二层鱼骨图发现，人员在使用标准工具时，由于工具与工装的干涉，导致了某个步骤出现了偏差。由此可见，有些问题需要进行多层的研究，才能找到根本原因。

3. 5WHY

5WHY指的是对主要问题进行多层为什么的质疑和探究，从而找到根本原因的一个方法。图3.7直观地体现了这个方法的使用情景，能够帮助大家理解。

1. 为什么停机？
→因超载导致熔断器熔断
2. 机器为什么超载？
→主轴驱动轴未正确润滑
3. 为什么主轴驱动轴未正确润滑？
→油泵不运行
4. 油泵为什么不运行？
→油泵轴承磨损
5. 轴承为什么磨损？
→污垢进入油泵

图3.7　5WHY使用示意图

然而在初次使用这个方法时，人们容易犯下一个经典错误，就是将为什么的原因归结在主观个体上。成功的5WHY推演，是能够进行逆向逻辑推算的。下面的例子则是一个不能逆向推演的例子。

· 客人为什么能在大厅摔跤？

因为地面滑。

· 为什么地面滑？

因为地上有水。

· 地上为什么有水？

因为水洒了。

· 为什么水洒了？

因为水杯掉在地上了。

· 为什么水杯掉地上了？

因为没有杯托。

· 为什么没有杯托？

因为总务小妹没来，杯托没拿出来。

· 为什么总务小妹没来？

因为总务小妹感冒了。

· 为什么总务小妹感冒了？

……

这样的推演是不成功的，从最底部的原因没有办法通过逻辑关系推算出出现的问题。因此这样的问题分析是没有办法得到答案的。基于这样的问题分析也无法得出有效的解决办法，还有可能出现更糟糕的情况。

因此，使用5WHY的时候，我们需要对回答为什么的内容进行审视，如果发现以下情况，一定要及时纠正。

① 答案无法通过逻辑关系推算出问题。这个时候我们需要思考其他能够建立逻辑关系的答案。

② 答案在往主观个体上靠时，需要配合鱼骨图进行多元化分析，将原因因素分解到客观存在并可以反向逻辑逆推的因素上。若确定是人员问题的时候，需要考虑两个因素：第一，换一个人能不能做好这件事情；第二，是否可以通过制度来帮助人员规避这个问题。

以上就是5WHY的使用技巧。使用5WHY需要大量的反复练习，同时也需要有经验的人进行指导和帮助，需要团队的力量。

通过以上三个主要工具的共同使用，我们能够分析出现场问题的绝大部分原因。

（二）解决问题

解决问题的办法有短期措施和长期措施两种。

短期措施，顾名思义是短期的、及时的解决办法，其目的是解决单一简单问题，或者将重要紧急的系统问题降低成重要不紧急的问题。其操作一定是简单的、暂时的，以达到“短、平、快”的效果。

长期措施是长期的、系统性的解决办法，其目的是防止这类问题再次出现，从根源上解决问题。如设定新的检查制度将某一个动作标准化，都属于长期措施。

长期措施和短期措施的关系可以通过图3.8来理解。

	短期措施	长期措施
必要性	必要	不一定
有效性	必要	不一定
一般性	不一定	必要
目的	刹车：组织问题继续发生	修理：组织问题再次发生

图 3.8　短期措施与长期措施的主要区别

在这里我们介绍两种制定解决措施的方法。

1. 因果法

第一种方法称为因果法，即通过对 5WHY 的每一层问题的解答制定相应的解决措施（图 3.9）。

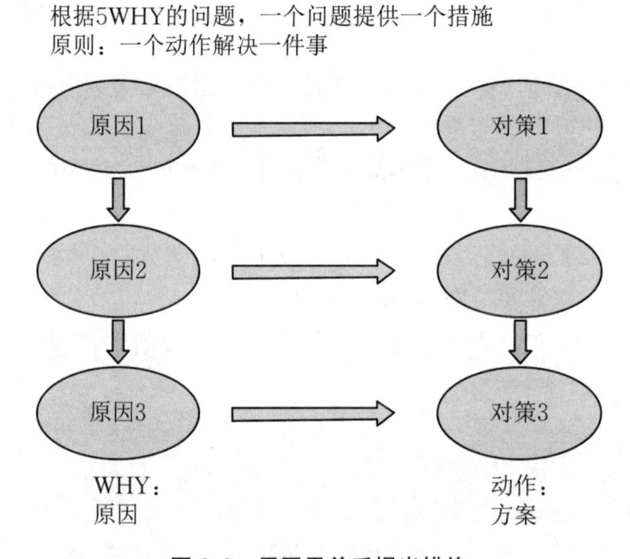

图 3.9　用因果关系提出措施

回顾上一小节的例子，我们可以发现每一个步骤都可以制定一个措施、动作来完成对当前问题的解答。层次越深，事情再次发生的概率越低。因此在使用这样的方法时，我们注意到上层的决策往往是短期措施，其起到的作用只是延缓事件再次发生的时间。下层的决策很有可能根治这个问题。在处理大多数问题时，我们没有办法直接找到最深层的原因,因此需要制定上层措施来解决燃眉之急,获得更多的时间进行深层的分析。一旦寻找到底层措施,可以制定长期的计划或某一个标准化动作来纠错。无论面对简单问题还是复杂问题,这类方法在实践中比较常用。

2. PDCA 戴明环

PDCA 戴明环的含义是将质量管理分为四个阶段,即计划(Plan)、执行(Do)、检查(Check)、纠正(Action),如图 3.10 所示。在质量管理活动中,要求把各项工作按照制订计划、实施计划、检查实施效果的步骤进行,然后将成功的纳入标准,不成功的留待下一循环去解决。

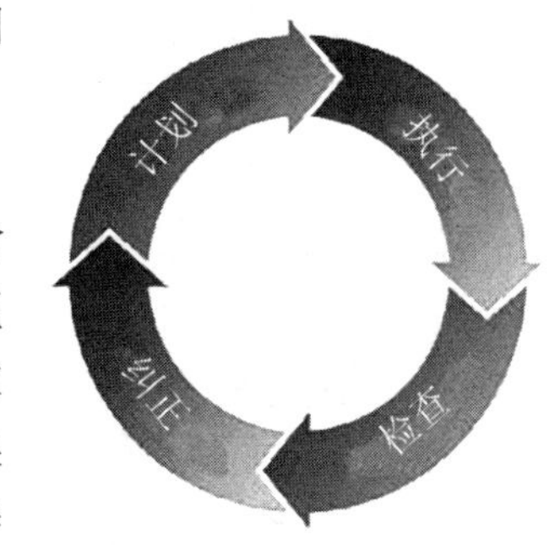

图 3.10　戴明环示意图

三、问题的总结与汇报

问题总结与问题汇报是问题管理中最基本的环节。

(一) 总结问题

总结问题指的是在问题结束后,对问题进行总结复盘,从而进行标准化或其他一般性工作。这往往也是班组工作中容易忽略的一环。

总结问题时我们可以使用“SDCA”标准化方法,即标准化(Standardization)、执行(Do)、检查(Check)、总结(Action)。SDCA 和 PDCA 的关系可以通过图 3.11 来体现。

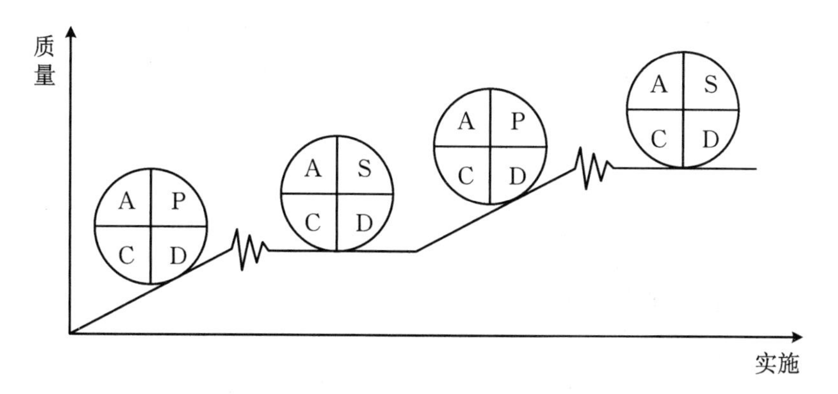

图 3.11　PDCA 和 SDCA 的关系

由图 3.11 可见,SDCA 是固化 PDCA 成果的一个方法。通常的做法是将 PDCA 的内容通过设计优化、标准化改进实现提升。

（二）汇报问题

汇报问题顾名思义就是向上级汇报问题处理的结果、流程、原因等。汇报问题既是对自己工作成果的一种展示，也是向上级提供信息的一种行为。很多班组长并不在意问题的汇报，认为这有悖于“多做事少说话”的原则，需要上级进行追问。其实不然，向上级汇报的同时，将会向上级传递信息，帮助上级部门了解一线的信息，从而进行更好的决策。比如，一个班组发现了某零件质量带来的连锁问题，解决后没有及时上报，上级因信息缺失未能指导其他班组，以致出现同样的问题。

在某些情况下，如短期措施无法解决根本问题时，必要的汇报也是能够帮助到部门的。比如，班组长遇到要与其他部门进行配合时，这超出了自己的能力范围，就需要及时向上级汇报，寻求帮助。若汇报不及时，很容易因部门壁垒出现配合不顺畅的问题，从而影响后续的工作。这样的汇报称之为升级汇报。

汇报问题要遵循以下几个原则：

① 做好充分的准备，包括了解汇报对象偏好。例如，不要向技术人员过多阐述非技术问题，不要向管理人员大谈特谈技术问题。

② 简明扼要，结论先行。例如，我现在需要什么帮助，我处理了什么问题。

③ 升级汇报时，要同时给出解决方案。

④ 升级汇报时，要客观，切忌带入个人情绪。

以上就是班组问题管理实践中的技巧。在生产过程中，一线班组长总会面临各种各样的问题，良好的问题管理思路能够帮助班组长发现问题、规避问题、解决问题、管理问题，这将极大地提升班组效率。

第四节　班组团队管理能力提升

一、员工情绪的管理与引导

（一）情绪管理概念

情绪管理是指通过研究个体和群体对自身情绪和他人情绪的认识、协调、引导、互动和控制，培养驾驭情绪的能力，从而确保个体和群体保持良好的情绪状态，并由此产生良好的管理效果。

情绪的管理不是要去除或压制情绪，而是在觉察情绪后，调整情绪的表达方式。有心理学家认为，情绪调节是个体管理和改变自己或他人情绪的过程。在这个过程中，通过一定的策略和机制，使情绪在生理活动、主观体验、表情行为等方面发生一定的变化。

情绪管理就是善于掌握自我、善于调节情绪，对生活中的矛盾和事件引起的反应能适可而止地排解，能以乐观的态度、幽默的情趣及时地缓解紧张的心理状态。

（二）情绪管理的五种能力

情绪管理是以最恰当的方式来表达情绪，如同亚里士多德所言："任何人都会生气，这没什么难的，但要能适时适所，以适当方式对适当的对象恰如其分地生气，可就难上加难。"据此，情绪管理指的是，要适时适所、对适当对象恰如其分表达情绪。

根据一些心理专家的观点，情绪智慧涵盖下列 5 种能力：

（1）自我觉察能力

情绪的自我觉察能力是指了解自己内心的一些想法和心理倾向，以及自己所具有的直觉能力。

自我觉察，即当自己某种情绪刚一出现时便能够察觉，它是情绪智力的核心能力，是自我理解和心理领悟能力的基础。如果一个人不具有这种对情绪的自我觉察能力，或者说不清楚自己的真实的情绪感受的话，就容易听凭自己的情绪任意摆布，以至于做出许多遗憾的事情来。伟大的哲学家苏格拉底的一句"认识你自己"，其实道出了情绪智力的核心与实质。

（2）自我调控能力

情绪的自我调控能力是指控制自己的情绪活动以及抑制情绪冲动的能力。

情绪的调控能力是建立在对情绪状态的自我觉知的基础上的，是指一个人如何有效地摆脱焦虑、沮丧、激动、愤怒或烦恼等消极情绪的能力。这种能力的高低，会影响一个人的工作、学习与生活。当情绪的自我调控能力低下时，就会使自己总是处于痛苦的情绪旋涡中；反之，则可以从情感的挫折或失败中迅速调整、控制并且摆脱。

（3）自我激励能力

情绪的自我激励能力是指引导或推动自己去达到预定目的的情绪倾向的能力，也就是一种自我指导能力，是一个人为服从自己的某种目标而产生、调动与指挥自己情绪的能力。一个人做任何事情要成功的话，就要集中注意力，就要学会自我激励、自我把握，尽力发挥出自己的创造潜力，这就需要具备对情绪的自我调节与控制能力，能够对自己的需要延迟满足，能够压抑自己的某种情绪冲动。

（4）识别他人情绪能力

这种觉察他人情绪的能力就是所谓同理心，亦即能设身处地站在别人的立场，为别人设想。愈具备同理心的人，愈容易进入他人的内心世界，也愈能觉察他人的情感状态。

(5) 处理人际关系的能力

处理人际关系的能力是指善于调节与控制他人情绪反应，并能够使他人产生自己所期待的反应的能力。一般来说，能否处理好人际关系是一个人是否被社会接纳与是否受欢迎的基础。在处理人际关系过程中，重要的是能否正确地向他人展示自己的情绪情感，因为一个人的情绪表现会对接受者即刻产生影响。如果你发出的情绪信息能够感染和影响对方的话，那么，人际交往就会顺利进行并且深入发展。当然，在交往过程中，自己要能够很好地调节与控制住情绪，需要人际交往的技能。

(三) 情绪管理的意义

每个人都有情绪，但人们大都对情绪缺乏必要的了解和关注。消极情绪若不适时疏导，轻则败坏情致，重则使人走向崩溃；而积极的情绪则会激发人们工作的热情和潜力——各种情绪不同程度地影响着员工的工作和生活。只有了解了情绪，才能管理并控制情绪，才能发挥其积极作用。情绪管理要求我们要辨认情绪、分析情绪和管理情绪。工作并快乐着，这是情绪管理的目标。

一个人如常常有负面或消极的情绪产生，如愤怒、紧张，人体内分泌会受影响，导致内分泌不正常，进而形成生理上的疾病。由此可见，时常面带微笑，保持愉快心情，并以乐观态度面对人生，则有助于增进生理健康。

(四) 班组长的自我情绪管理

(1) 情绪管理心理暗示法

从心理学角度讲，心理暗示法就是个人通过语言、形象、想象等方式，对自身施加影响的心理过程。这个概念最初由法国医师库埃于 1920 年提出，他的名言是“我每天在各方面都变得越来越好”。自我暗示包括消极自我暗示与积极自我暗示。积极自我暗示，在不知不觉之中对自己的意志、心理以至生理状态产生影响，令我们保持好的心情，从而调动人的内在因素，发挥主观能动性。心理学上所讲的“皮格马利翁效应”也称期望效应，讲的就是积极的自我暗示。而消极的自我暗示会强化我们个性中的弱点，唤醒我们潜藏在心灵深处的自卑、怯懦、嫉妒等，从而影响情绪。

因此，当班组长在工作中遇到情绪问题时，应当充分利用语言的作用，用内部语言或书面语言对自身进行暗示，缓解不良情绪，保持心理平衡。比如，默想或用笔在纸上写出下列词语:“冷静”“三思而后行”“制怒”“镇定”等等。实践证明,这种暗示对人的不良情绪和行为有奇妙的影响和调控作用,既可以松弛过分紧张的情绪,又可用来激励自己。

(2) 情绪管理注意力转移法

注意力转移法,就是把注意力从引起不良情绪反应的刺激情境,转移到其他事物上去或从事其他活动的自我调节方法。当出现情绪不佳的情况时,要把注意力转移到使自己感兴趣的事上去,如处理一般事务,看看纪念品,读读书,打打球,下下棋,找工友聊聊天,换换环境等,有助于使情绪平静下来,在活动中寻找到新的快乐。这种方法,一方面中止了不良刺激源的作用,防止不良情绪的泛化、蔓延;另一方面,通过参与新的活动特别是自己感兴趣的活动而达到增进积极的情绪体验的目的。

(3) 情绪管理适度宣泄法

过分压抑只会使情绪困扰加重,而适度宣泄则可以把不良情绪释放出来,从而使紧张情绪得以缓解。因此,遇有不良情绪时,最简单的办法就是“宣泄”;可以向至亲好友倾诉自己的委屈等,一旦发泄完毕,心情也就随之平静下来;或是通过体育运动、劳动等方式来尽情发泄。必须指出,在采取宣泄法来调节自己的不良情绪时,必须增强自制力,不要随便发泄不满或者不愉快的情绪,要采取正确的方式,选择适当的场合和对象,以免引起不良后果。

(4) 情绪管理自我安慰法

当一个人遇到不幸或挫折时,为了避免精神上的痛苦或不安,可以找出一种合乎内心需要的理由来说明或辩解。如为失败找一个冠冕堂皇的理由,用以安慰自己,或寻找理由强调自己所有的东西都是好的,以此冲淡内心的不安与痛苦。这种方法,对于帮助人们在大的挫折面前接受现实、保护自己、避免精神崩溃是很有益处的。因此,当人们遇到情绪问题时,经常用“胜败乃兵家常事”“塞翁失马,焉知非福”“坏事变好事”等词语来进行自我安慰,进而摆脱烦恼,缓解矛盾冲突,消除焦虑、抑郁和失望,达到自我激励、总结经验、吸取教训之目的,并保持情绪的安宁和稳定。

(5) 情绪管理交往调节法

某些不良情绪常常是由人际关系矛盾和人际交往障碍引起的。因此,当我们遇到不顺心、不如意的事,有了烦恼时,能主动地找亲朋好友交往、谈心,比一个人胡思乱想、自怨自艾要好得多。因此,在情绪不稳定的时候,找人谈一谈,具有缓和、抚慰、稳定情绪的作用。另一方面,人际交往还有助于交流思想、沟通情感,增强自己战胜不良情绪的信心和勇气,能更理智地去对待不良情绪。

(五) 班组员工的情绪管理

情绪是指个体对本身需要和客观事物之间关系的短暂而强烈的反应。而在企业当中,企业管理者如果不能很好地进行员工情绪管理,将会导致企业的工作效率低下,从而影响企业的发展。

(1) 班组内文化建设

在现代企业管理中,班组文化已经逐渐成为新的组织规范。事实上,班组文化不仅对员工具有一种强有力的号召力和凝聚力,而且对员工的情绪调节起着重要作用。一般而言,员工从进入班组的那一刻起便开始寻求与企业之间和班组之间的认同感。

(2) 引导员工情绪

积极的期望可以促使员工向好的方向发展,员工得到的信任与支持多,情绪自然高涨,并会将这种情绪带到工作中,感染更多的人。班组长必须要建立良好的交流沟通渠道,让员工的情绪得到及时的交流与宣泄。在班组管理中,如果交流沟通渠道受阻,员工的情绪得不到及时的引导,这种情绪会逐步蔓延,影响到整个团队的工作。

(3) 隔离消极情绪

工作环境等因素会对员工的情绪产生很大影响,在实际的工作中,班组长需要将工作条件与工作性质进行匹配,从而避免消极情绪的产生。

(4) 学习情绪管理

情绪心理学家 Izard 指出,情绪知识对人们的行为结果起到调节作用。情绪知识是员工适应企业的关键因素,班组长可以通过有针对性的情绪知识培训,增强员工对企业管理实践的理解能力,激发员工的工作动力以适应组织的需要。

(5) 营造良好的企业氛围

每个企业都有一定的氛围,表现为组织的情绪,如愉快的工作氛围、沉闷的工作氛围、复杂的人际关系等。这种组织情绪会影响员工的工作效率和心情,甚至会成为一个员工是否留在企业的原因。尽管员工和组织的情绪是相互影响的,但是组织对个体的影响力量要比个体对整个组织的影响力量大。因此,从企业发展的角度来看,班组长必须要营造良好的企业氛围。

(六) 离职情绪管理

一般来说,员工选择离开公司,基本上出于以下几类原因:

① 外部诱因:有更好的发展机会、竞争者的挖脚、自行创业、现企业外迁造成交通不便等。

② 组织内部推力：缺乏个人工作成长的机会、企业文化适应不良、薪资福利不佳、与工作团队成员合不来、不满主管领导风格、工作负荷过重、压力大、不被认同或不被组织成员重视、无法发挥才能、企业财务欠佳、股价下滑、企业裁员、企业被并购等。

③ 个人因素：个人的成就动机、自我寻求突破、家庭因素（结婚、生子、迁居、离婚）、人格特质（兴趣）、职业属性、升学（出国）或补习、健康问题（身体不适）等。

无论是主动离职的员工，还是企业辞退的员工，在员工离职前，都应与其进行离职面谈，关注其情绪变化，引导其重新认识企业，这也是对员工的一种情绪管理。

离职员工也是一种财富。最好用人性化的方式，给离职员工留下良好的口碑。不管员工因何种原因离开，不要与员工结下私怨，将员工当成好朋友对待，让员工感受到企业的爱和宽容。员工离职后可能会成为企业的客户、企业的合作伙伴、企业的竞争对手，他们会直接向市场传递自己在这家企业的感受。

好的离职面谈会让离职者有很好的感受，或许其会留下很好的建议，这对任何一方都是好事。

（七）新时代员工情绪管理

目前，“95后”已成为职场的生力军。2022年开始，“00后”也开始进入了职场，将成为新时代职场的主要员工。

1. 新时代员工的行为特点

（1）学习能力强，善于创新

首先，他们对新鲜事物充满好奇心，易于接受新鲜事物；其次，他们富于创造力，喜欢尝试不同的生活，并且愿意将自己的想法付诸行动。经济与互联网技术高速发展、全球一体化日趋明显的生活环境，使得大量的新鲜事物涌向“95后”“00后”。在这样环境下成长的员工具有较强的学习能力、能够较快地接受新事物、拥有独立的思想，同时具有较强的创新意识。

（2）富有激情，但情绪变化大

年轻员工，对前途充满着希望与梦想，当梦想与现实产生落差、自信心受到打击时，情绪变化通常很大。

（3）思维活跃，以自我为中心

绝大多数“95后”均为独生子女，家庭多以三口之家的形式存在。父母宠爱，物质生活条件较为优越，因此，他们从小喜欢在各方面彰显自我，对新鲜事物表现出较强的好奇心。在信息化的时代，他们能够通过网络来不断开阔自己的视野，了解并接受各种新生事物，增长见识，这使得他们更关注自我，在意个人的主观感受，久而久之变得以自我为中心，不会轻易改变自己的主观判断。

(4) 思想开放，承受挫折能力差

Z一代（“00后”）处在信息大爆炸的时代，能够通过各式各样的途径获取信息，可谓见多识广、思想开放，热衷于接受新鲜事物，尤其对有个性的事物感兴趣。但是，他们从出生开始，就集父母长辈的宠爱于一身，学习以外的事情都被大人大包大揽，因此，缺乏解决问题的经验和能力，缺乏承受压力和经受挫折的能力。

(5) 目标高远，功利性较强

社会发展越来越快，信息化水平越来越高，Z一代通过网络能了解世界多元文化，接触各种文化价值和理想信念，对于自身未来有着更加高远的目标。但是由于年纪尚轻，思想尚未完全成熟，容易受到社会上一些负面现象的影响，在实际行动上往往表现出不能脚踏实地，而是幻想“立竿见影”，功利性行为表现明显。

2. 新时代员工的需求分析

根据马斯洛需求层次理论，结合“95后”员工特点分析可知，他们在生理需求和安全需求上已经基本得到满足，对爱与归属感、尊重、自我实现三个方面需求的满足尤为迫切。

(1) 爱与归属感的需求

由于生活的压力、工作等因素，父母辈很少时间顾及“95后”孩子的心理需求。他们的童年大部分时间是待在家里，物质上他们相对充裕，但心理上很空虚，同时独生子女的身份更是让他们内心孤独，因此养成相对孤僻自我的性格。网络社交平台成为了“95后”情感交流的根据地。他们希望和所有的同事成为好朋友，渴望得到帮助与照顾，渴望能够在一个充满爱的集体中生活与工作，能够在组织中寻找到归属感。

(2) 尊重的需求

“95后”员工喜欢挑战权威的个性使得他们无法忍受趾高气扬的领导和同事。他们认为人与人之间应该是平等的，崇尚自由的性格使得他们讨厌带有惩罚性的企业管理制度。在完成工作的过程中，希望拥有自己发挥的空间，能够获得上级的信任。如果不尊重他们，他们会毫不考虑地辞职不干。所以面对“95后”，我们要做的事不是改变他们，而是如何改变自己，使得管理更有效。

(3) 自我实现的需求

强调兴趣与自我价值，自我实现欲望强烈。“95后”员工不再过多地考虑薪酬水平的高低，在乎的是否对这份工作感兴趣，岗位是否具有挑战性等等。工作开不开心、有无发展前途，成为部分新时代员工对未来新工作的价值衡量标准。他们希望企业拥有通畅的职业通道，他们渴望晋升，以使自我价值最大化。

3. 新时代员工的管理技巧

多一些关爱，建立起与员工的沟通桥梁。“95后”的员工都是刚走出温室的宝贝，在家平时有父母的呵护，在学校有老师的关爱，因此他刚一进入企业，最需要的仍然是呵护和关爱。及时了解“95后”员工心中所想，是管理的首要工作也是重中之重，可通过对员工发放匿名调查表、与个别员工面对面谈话等来增加对他们的了解。针对他们追求新奇时尚的特点，管理者在沟通过程中，应当最大限度地使用互联网、移动科技等，比如说手机、电脑或者新媒体，不仅可以促进对员工的了解，也会创造一种环境帮助员工提高效率。

(1) 鼓励为主

“95后”员工作为极具个性的群体，对批评普遍持有抵抗态度，因此在实际的管理过程中应采用以激励为主的策略。但对于他们来说有效的激励并非一定是加薪酬或职位晋升，有效的激励可以是“下班以后一起去K歌”或是“下班后一起去看场电影”等等。班组长在日常工作中要善于发现他们的优点，多在公众场合给予表扬；当出现失误时，应该进行合理的批评，不可当着其他同事面批评他，清楚地说出批评的理由，就事论事，不带任何个人情绪，并且提出期望和要求。

(2) 帮助成长

当前，仍有部分企业实行威权型领导，这很难被喜欢挑战权威、强调人本管理的“95后”员工所接受。班组长可以通过独特的个人魅力成为他们的“偶像”，通过这种“偶像”效应来激发他们的工作积极性。作为领导，一定要耐心、真诚地向他们教方法、传经验，帮助他们尽快适应环境、积累经验、胜任本职。

(3) 福利创新

现在企业的常规福利不过是各种津贴、带薪休假、免费培训等，对于“95后”员工来说这些福利吸引力有限。对于他们来说，领导亲笔写的生日贺卡、同事的祝福视频、一场说走就走的旅游、一场豪华生日派对、一场嗨翻天的酒吧派对……更具吸引力。在“95后”的世界里，他们要的是各种别开生面的“惊喜”。

(4) 适当放权

管理者要学会信任员工，给予他们信任和适度的权力，相信他们能够出色地完成这项任务，满足他们被尊重的需求与自我实现的需求。这样可以激励他们更好地工作。他们年轻活泼，热情开朗，思路开阔，敢想敢说也敢做。让他们不断想出一些好点子，提出一些好办法，再对他们进行充分的肯定，就可以很好地提升他们的积极性、主动性和创造性。

(5) 培养团队意识

开会时班组长可以多用“我们”，培养员工主人翁的意识，让他们觉得这件事我也是其中一员，我有责任把它做好，而不是事不关己高高挂起。“95后”以自我为中心的特点很不利于企业经营活动的开展，因此增强他们的团队合作意识显得格外重要，应通过组织开展集体素质拓展活动，让其明白团队合作的重要性，从而增进同事之间的感情。

二、员工激励技巧与团队建设

激励是指通过一定的手段使员工的需求和愿望得到满足，以调动他们的积极性，使其主动而自发地把个人的潜能发挥出来，奉献给团队，从而确保团队达到既定的目标。激励是鼓舞、指引和维持个体努力行为的驱动力。

（一）班组长激励的方法

激励体系遵循的循环：员工努力＝绩效评估，绩效评估＝奖励，奖励＝员工需求。

如何激发班组员工的工作意愿，是班组长的一项很重要的工作。每个人都是独立不同的个体，个性、需求因人而异，在不同的时期，需求也是不一样的。因此，企业在进行员工管理时要注意因人因事而异，采取多种激励方式，充分发挥激励机制作用。

（1）目标激励法

让员工把个人目标与企业目标结合起来，以激起员工的雄心壮志，使其努力工作，实现自己的目标。

（2）奖惩激励法

奖励方式主要有三种：奖金、晋升和赏识。员工的需要是多样的，不仅有物质方面的，还有精神方面的。员工既希望从企业获得改善物质生活的应得报酬，还希望感受到管理者的关怀、友爱和信任，享受到被赏识的快乐。

（3）情感激励法

通过上下级之间、同事之间的感情沟通，使管理者和员工同心同德、协调一致，这样既能增强企业凝聚力，又能激发员工努力工作的热情。

（4）荣誉激励法

荣誉激励主要是表扬和奖励。对员工要多进行表扬，尤其是公开表扬，“信任和赞美能造就天才”。公开的指责和批评，效果往往不好。

（5）工作激励法

给员工提供一份良好的工作，指导员工在工作中成长，给员工提供学习新技能的机会，让员工有更多机会做富有挑战性的工作。

（6）语言激励法

一是赞扬。当员工出色完成任务后，班组长要给予语言上的祝贺，表扬要及时、内容要具体。这种祝贺代表赏识和认可，会进一步激发员工努力工作的欲望。二是批评。任何人都不喜欢被批评，但如果批评得当，不仅不会令人丧气，反而还会激发员工斗志，鞭策自己努力工作，发挥自己最大的潜能。

(7) 关怀激励法

班组长应该主动关心员工，了解其工作积极性不高的原因，努力帮助他们解决困难，使他们深深感受到集体的温暖。因此，对员工的婚丧嫁娶、生病住院、家庭纠纷、工作调动、天灾人祸等情况，要关心、重视。

(8) 培训激励法

对优秀员工给予培训的机会。培训是最好的福利，为骨干和优秀员工提供培训机会，提高其知识水平和技能，将有利于其获得更好的发展。

(二) 班组长绩效考评的要求

绩效考评是一种监督手段，也是一种激励手段。它本身是对计划、任务执行情况的检查监督。绩效评价的主要目的是改进员工表现，从而提高工作绩效。

1. 绩效考评内容

(1) 考业绩

经营效益是企业生存和发展的基础，员工对企业的核心价值就是他的业绩。业绩考核是对员工所承担岗位工作的成果进行评估，其构成要素包括工作质量、工作结果、任务的完成度等。结果导向无可厚非，但如何防止员工做出杀鸡取卵的短视行为，则是一个重要的课题。为防止此类问题的发生，很多企业提出了全面绩效考核的概念，即业绩并不完全等于经营结果。

(2) 考能力

能力与业绩有明显的差异，能力有较强的内在特性，难以衡量和比较；而业绩相对外在，可以较好地把握。在这方面，很多企业用不同岗位的素质能力模型对员工进行考核。

(3) 考态度

一般情况下，员工能力越强，工作业绩就越好，但这又不是绝对的。其中一个重要的转化剂就是态度，或是意愿。因此，在考核中还应该包括工作态度。

2. 绩效考核的程序

班组长应熟悉绩效考核的实施程序，配合人力资源部及绩效考核小组做好班组绩效考核工作。班组绩效考核的程序主要包括 6 个步骤，具体见表 3.5 所示。

表 3.5 班组绩效考核的程序

步骤	具体内容	说明
1	确定考核者	绩效考核者以生产部经理、车间主任、班组长为主，同时员工自己、同事、下属甚至客户也可以成为考核者
2	绩效考核启动	人力资源部经理召开绩效考核动员大会，开展有效的、有针对性的宣传
3	考核前培训	考核前培训主要分为对考核者及被考核者的培训
4	收集数据并实施考核	绩效考核小组收集被考核者的业绩、态度、技能等相关数据，并对其进行评价
5	考核结果沟通	绩效考核小组将考核结果与被考核者进行充分沟通，了解被考核者对考核结果的反馈意见
6	考核结果统计	绩效考核小组将确认后的考核结果提交人力资源部，人力资源部指定专人对考核结果进行整理、统计、归类

（三）班组绩效管理的要点

（1）建立合理的利益分配机制

在任何一家企业，薪酬制度、绩效考评制度以及晋升制度是人力资源管理的三大机制。企业正是依靠这些制度，合理地输血、换血，才得以留住人才，保持企业活力与发展动力。

（2）奖惩分明，把握尺度

奖惩制度是企业的有效管理手段之一，奖励积极努力、业绩突出的员工，培训指导迷茫、摇摆的问题员工，坚决处理屡教不改的后进员工。

（3）建立激励机制时应避免的问题

在建立合理的激励机制时应避免出现以下情况：一是考核 A，奖励 B。即对 A 进行严格考核，但把奖励给了实际没被真正考核的 B。“只重视结果，不重视过程”，这对企业文化是一种挫伤，容易让成功者骄傲，让失败者更加气馁。

（4）采用多样化的激励方式

激励是提高执行力最有效的方法之一。

① 听觉激励。如果能赞美下属，就一定要说出来。

② 视觉激励。把优秀员工照片和事迹在企业内部杂志和光荣榜上刊登。

③ 公示出来。让大家看到，以此激励这些获奖者及其他员工。

④ 引入竞争。讲团队精神不是不讲究内部竞争，合理的内部竞争也能起到激励的作用。

⑤ 合理授权。这是最高的激励方式之一，能帮助部下自我实现。但在授权时应把授权内容以书面形式表达清楚，授权后要进行周期性检查，防止越权。

（四）班组团队建设

1. 团队管理的首要任务

任何一个管理者的首要任务都是弄清他的员工的情况，并且弄清楚他们之间的不同之处。

2. 团队建设中对四种行为员工的应对

（1）分析型员工的特征及应对技巧

① 分析型员工的特征：

· 天生喜欢分析，情感深刻而沉稳，办事仔细而认真。

· 不流露自己的情感，面部表情少，说话时手势少，走路速度慢。

· 观察力敏锐，会提出许多具体细节方面的问题，考虑问题周密，办事有序。

· 经常保持沉默，少言寡语。

· 事事喜欢准确完美，喜欢条条框框。

· 对日常琐事不感兴趣，但衣着讲究、正规。

· 对决策非常谨慎，过分地依赖材料、数据，工作速度慢。

· 在提出决策和要求或阐述一种观点时，喜欢兜圈子。

② 分析型员工需求：

· 安全感，万无一失。

· 对自己和别人都要求严格，甚至苛刻。

· 喜欢较大的个人空间，害怕被人亲近。

③ 与分析型员工相处应对技巧：

· 遵守时间，不要寒暄，尽快进入主题，要多听少说，做记录，不随便插话。

· 不要过于亲热友好，尊重他们对个人空间的需求，减少眼神接触的频率和力度，更要避免身体接触。

· 不要过于随便，要公事公办，着装正统严肃，讲话要用专业术语，避免使用俗语。

· 摆事实，并确保其正确性，信息要全面具体，特别要多用数字。

· 做好准备，考虑周到全面，语速放慢，条理清楚，并严格照章办事。

· 谈具体行动和想法而不谈感受，同时要强调树立高标准。

· 避免侵犯性身体语言，如阐述观点时身体要略向后倾。

（2）结果型员工的特征及应对技巧

① 结果型员工的特征：

· 有明确的目标和追求，精力充沛，身体语言丰富，动作迅速而有力，通常走路速度和说话速度都比较快。

· 喜欢发号施令，当机立断，不能容忍错误，不在乎别人的情绪和别人的建议，也不表露自己的情绪。

· 最讲究实际，是决策者、冒险家，喜欢控制局面，是一个有目的的听众。

· 冷静独立而任性，以自我为中心，是一个优秀的时间管理者。

· 关心别人，但他们的感情通过行动而非语言表达出来。

② 结果型员工需求：

· 直接的、准确的回答。

· 有事实的、有依据的大量的新想法。

· 高效率，明显的结果。

③ 与结果型员工相处应对技巧：

· 直接切入主题，不用寒暄，多说少问，用肯定自信的语气来谈。

· 充分准备，实话实说，而且声音洪亮，加快语速。

· 准备一份概要，并辅以背景资料，重点描述行动结果。

· 行动要有计划，计划要严格、高效执行。

· 处理问题要及时，阐述观点要强有力。

· 从结果的角度谈问题，而不谈感受。

· 他讨厌别人告诉他应该怎么做，应提供两到三个方案供其选择。

· 增强眼光接触的频率和强度，身体前倾。

(3) 表现型员工的特征及应对技巧

① 表现型员工的特征：

· 乐于表达感情，表情丰富而夸张，动作迅速，声音洪亮，话多，灵活，亲切。

· 精神抖擞，充满激情，有创造力，理想化，重感情，乐观。

· 凡事喜欢参与，愿意与人打交道，考虑人的因素，害怕孤独。

· 追求乐趣，敢于冒险，喜欢幻想，衣着随意，乐于让别人开心。

· 只见森林，不见树木。

· 通常没有条理，愿意发表长篇大论，作息时间缺乏规律，轻浮，多变，精力容易分散。

② 表现型员工需求：

· 公众的认可和鼓励，热闹的环境。

· 民主的关系，友好的气氛。

· 表达自己的自由。

· 有人帮助实现创意。

③ 与表现型员工相处应对技巧：

· 声音洪亮，热情，微笑，建立良好的关系，表现出充满活力，精力充沛。

· 大胆创意，提出新的、独特的观点，并描绘前景。

· 着眼于全局观念而避免过小的细节。

· 如果要写书面报告，应简单扼要，重点突出。

· 讨论问题反应迅速、及时，并能够做出决策。

· 夸张的身体语言，加强目光接触，表现出积极的合作态度。

· 给他们时间说话，并适时称赞，经常确认及简单地重复。

· 要明确目的，讲话直率，用肯定而不是猜测的语气，注意不要跑题。

· 重要事情一定以书面形式与其确认。

(4) 顺从型员工的特征及应对技巧

① 顺从型员工的特征：

· 善于保持人际关系，忠诚，关心别人，喜欢与人打交道，待人热心。

· 耐心，说话和走路速度慢，有较强的自制力，能够帮助激动的人冷静下来。

· 体态语言少，面部表情自然而不夸张。

· 不喜欢采取主动，害怕冒险，只要合情合理，都愿意接受。

· 非常出色的听众，决策迟缓，对别人的意见持欢迎态度，并善于将不同观点汇总。

· 重视人际关系，富于同情心，并愿意为之付出代价，由于害怕得罪人，而不愿意发表自己的意见。

· 衣着随意，喜欢唠家常及谈论闲闻轶事。

② 顺从型员工需求：

· 安全感及友好的关系。

· 真诚的赞赏及肯定。

· 传统的方式，规定好的程序。

③ 与顺从型员工相处应对技巧：

· 热情微笑，建立友好气氛，使之放松，减轻压力，避免清高姿态。

· 放慢语速，以友好但非正式的方式交流。

· 提供个人帮助，找出共同点，建立信任关系，显出谦虚态度。

· 讲究细节，淡化差异，从对方角度理解，适当地重复他的观点，以示重视。

· 不要施加压力，不要过分催促。

· 当对方不说话时，要主动征求意见，对方说话慢时，不要急于结束谈话。

· 避免侵犯性身体语言，阐述观点时身体略向后倾。

（五）班组长团队管理原则

团队管理实质上就是提升人员的向心力。在任何企业中，人都是最重要的因素。作为一名班组长，首先要用好人，管理好员工，发挥每个人的能动性，给他们创造一种好的环境，让他们舒心、安心地在这里工作。

（1）团队成功管理的秘诀

① 公正合理。

② 分工明确。

③ 言出必行。

④ 激励适当。

⑤ 针对不同的员工，采取不同的管理方式。

（2）班组人员管理的原则

① 承认个人在能力和兴趣上的差别。

② 人有着同样的基本需要，但会以不同的方式表达，而且这些需要的重要性也不相同。

③ 要坚信，一个人的地位不管多低多高，都应该得到同等的尊重。

④ 把职能和权威分配给员工，让他们做好自己的工作。

⑤ 形成一种对于人本身的态度，这种态度应该是积极的、令人满意的。

（3）团队协作的方法

团队协作是指在充分认识团队中每个角色的基础上，培养合作意识，发挥团队精神，扬长避短，互补互助，从而取得最大效能。表 3.6 提供了几种方法。

表 3.6 团队协作的方法及要求

方法	具体要求
尊重并利用差异	1. 班组长应该保持谦虚的态度，尊重每个成员的意见、观点和个性 2. 利用差异进行优势互补，从而发挥出整体大于部分之和的功能 3. 尊重他人并营造和谐的团队氛围，促进成员充分发挥个性
用人所长 容人所短	1. 团队中每个人都有自己的闪光点，自然也有瑕疵 2. 班组长要有海纳百川的胸怀，包容成员的各种小缺陷 3. 一切以完成班组目标为宗旨，不必过于在意自己看不惯的生活习性等 4. 有意识培养团队之间的默契，让大家将心比心，彼此包容，和睦相处
善于合作 勤于沟通	1. 班组长要想充分发挥团队效应，就应该全面认识班组成员，包括他们的技能、特长、性格、嗜好、忌讳等 2. 沟通到位，不仅有助于认识成员，还能排难解疑、提升合作水平

续表

方法	具体要求
培育团队精神	1. 团队精神是班组通力协作的灵魂，包括忠诚、奉献、积极、负责、乐观等 2. 班组长应以信任成员为纽带，以企业健全成熟的管理制度为工具，精心培育富有战斗力的团队精神，打造高效的班组团队
轮岗体验 共享资源	1. 轮岗可以实现一岗多能，提高成员的技能水平和创新能力，还能促进成员理解不同岗位的性质、职责，有助于增强团队的默契感和协作能力 2. 群策群力，集思广益，加快资源的交流、分享，提高团队的凝聚力和综合效能

（六）班组团队冲突管理技巧

班组团队中的成员在交往中常常产生意见分歧，甚至可能发生言语冲撞、肢体对抗，导致关系紧张。从表现形式上可分为工作冲突和人际关系冲突，从性质效果上可分为破坏性冲突和建设性冲突。

1. 班组团队冲突的原因分析

班组长要想顺利解决冲突，减少冲突的负面影响，首先要了解产生冲突的原因。导致团队冲突的主要原因见表3.7。

2. 班组团队冲突化解技巧

当团队冲突发生后，首先要调查和分析冲突的原因，了解当事人的情绪状态，在掌握翔实可靠的信息的基础上，再选择恰当的策略和方法，有效化解团队冲突。

（1）协作技巧

如果双方的需求是合理的、重要的，需要采用合作的形式，与双方一起寻求解决问题的方法。双方互利互惠，尊重支持，坦率澄清差异，合作解决问题，实现双赢。该策略不适合解决思想方面的冲突。

（2）竞争技巧

一切以权力为核心，为了实现个人的主张、利益而不惜牺牲他人的做法通常带有对抗性，过于武断化，往往局限于当前事实，没有从根本上解决冲突的内在矛盾，因而很难让对方从心理上真正认可并接受。

（3）迁就技巧

牺牲己方的一部分利益，来弥补对方的利益，从而达到安抚对方的目的。迁就需要有宽容和合作的精神，为了维持团队之间良好关系而敢于自我牺牲。迁就策略适合于：当你认为自己某种做法错误时；当和谐比分裂更重要时；树立良好口碑，为将来做好更重要的事情奠定信用基础时；培养员工，希望他们能够从错误中吸取教训,快速成长起来时。

表 3.7 团队冲突原因分析表

原因	具体内容
目标冲突	1. 每一个成员都有自己的目标,而这些目标都是为了实现班组的目标 2. 每个人都需要其他成员的协作,但现实中不同成员的目标经常发生冲突
资源竞争	1. 班组长通常会根据每个成员的工作性质、岗位职责、在班组中的地位以及班组目标等因素分配人力、时间、设备等资源,很难做到绝对的公平 2. 为了获得班组有限的资源,成员之间会产生竞争,导致一些利益冲突
信息不对称	1. 班组成员的年龄、性格、阅历、知识结构不一样,因此成员之间的信息肯定也不对称 2. 当一个人掌握的信息和别人不一样时,其观点难免会有差异,容易与人产生冲突
相互依赖性	1. 班组是一个有机的整体,任何成员之间都应相互信赖、相互支持,不存在完全独立的个体 2. 在一些上下相连的重要环节上,一方的不当操作可能会造成另一方工作上的不便、延误,甚至会在某种程度上影响到另一方的工作绩效
沟通不畅	1. 沟通对于团队来说至关重要 2. 沟通出现问题,就可能会加深成员之间的误会,激化彼此之间的对立情绪,扩大矛盾
工作性质不同	不同工作岗位的成员往往囿于工作经验,容易犯本位主义,只顾个人利益,而对其他成员采取轻视甚至敌视的态度
责任模糊	1. 班组内部由于职责不清而导致管理"真空" 2. 班组成员容易利用职责的缺失诿过于人,有时候甚至敌视其他人

(4) 妥协技巧

双方为了找到一个彼此都能接受的方案,都愿意放弃某些东西,从而会得到折中的结果。这种策略没有所谓的赢家和输家。

(5) 回避技巧

某一方虽然意识到冲突的存在,但为了维持暂时的平衡而从心里忽视它、逃避它。这种策略不与人合作,不维护自身的利益,总是回避冲突或不同意见,从根本上否认问题的存在。因此,无法解决问题的本质矛盾。通常适用于分歧很小或分歧无法调和时,也适用于你认为分歧意图可能会恶化关系或产生更为严重的问题时。

班组长在实际工作中选择不同技巧处理问题,结果往往会大相径庭,因此应谨慎比较、分析各种策略的适用情形,具体见表 3.8。

表 3.8　化解团队冲突的相关策略及适用情形

策略	适用情形
竞争	1. 时间有限,必须当机立断,如紧急情况 2. 某项计划至关重要却又损害一部分人的利益,如缩减预算、执行纪律等 3. 根据自己的判断是正确的,并坚信对企业发展意义重大 4. 对任何企图利用你的非竞争行为的人
迁就	1. 当你认为自己某种做法是错误的 2. 当事情对别人而言,具有更为重要的意义 3. 树立良好口碑,为做好将来更重要的事情奠定信用基础 4. 当竞争会对你想要达成的目标起阻碍作用 5. 当和谐比分裂更重要 6. 培养员工,希望他们能够从错误中吸取教训,快速成长起来
回避	1. 你认为事情很普通,没必要大动干戈 2. 现实与期望相差较大,无法满足自己的利益 3. 得不偿失,即因冲突引起的损失远大于解决问题所收获的利益 4. 对方情绪激动、不够理智 5. 信息量不足,需要收集更多信息才能更好地做出决定 6. 其他人更适合解决此冲突
协作	1. 双方利益必须兼顾,需要利益均分的解决方案 2. 你想从别人那里学习知识、经验,或验证你的某种假想,推测他人观点 3. 思路不够广,亟须从不同角度解决问题 4. 己方利益得到保证,且决策中包含他人的创意和见解
妥协	1. 事情不是十分重要,双方都有商讨的余地 2. 彼此力量相当 3. 问题过于复杂,需要寻求一个过渡性方案 4. 时间紧迫

班组内部难免存在形形色色的冲突,班组长要结合实际情况,灵活运用相关策略,公平公正地处理好冲突,从而增进团队凝聚力和工作效能。

3. 班组团队纪律管理

纪律是人们的一种行为规则,是为维护集体利益并保证工作正常进行而要求成员必须遵守的规条。班组长要善于总结工作中的流程、经验等,将它们规范化、纪律化,从而有效地将成员的力量和资源整合起来。

(1) 日常工作纪律

这项纪律主要是对班组成员仪表、沟通、请假、财物及上下班注意事项等的规定。在这方面,班组长不能只关注自己的工作业绩,而应该以身作则,以此项纪律严格要求自己,养成良好的职业素质,为班组成员做出表率。只有这样,班组长才能具备纪律管理的权威，让成员心悦诚服。

(2) 工艺纪律

企业为了确保生产质量和安全性，要求生产人员严格执行工艺流程，这就是工艺纪律。为了保证企业产品的优势，执行工艺纪律是班组长最为重要的工作内容之一。

4. 班组团队纪律执行

如果说团队纪律的制定是少数领导参与的事情，那么团队纪律的执行则是全部成员包括制定者都必须参与的事情。显然，团队纪律的执行更为困难。离开了严格、公正的纪律执行，纪律制定得再完美无瑕也是枉然。因此，纪律的执行才是团队生存和发展的根本保障。

纪律执行的基本方法共有5种，具体见表3.9。

表3.9　团队纪律执行的基本方法及具体要求

方法	具体要求
口头批评	1. 适用于员工违反纪律不是十分严重的情形，如晚交了某项不太紧急或重要的任务 2. 班组长在第一时间对成员的不当行为提出告诫、警示，帮助成员认识错误和改正错误
书面警告	1. 适用于员工继续某种错误行为或该行为在一定程度上威胁到公司利益。如连续三次违反操作流程或忘记给车间做静电处理 2. 班组长应该用书面形式予以警戒，严重时还会公示书面警告，加大批评力度
降薪降职或调岗	1. 适用于上述方法仍然没有效果或该行为已经给公司造成一定经济损失。如因不当操作而造成设备故障，甚至班组停产 2. 班组长既要严肃处理该成员，又要帮助其认识到问题的严重性，理解和接受企业的处罚
停职	1. 适用于上述方法仍然没有效果或该行为给公司造成较大经济损失 2. 班组长既要严肃处理该成员，又要帮助其认识到问题的严重性，理解和接受企业的处罚
开除	适用于最严重的违反纪律行为。如不遵守生产流程而导致重大安全事故或给企业造成很大负面影响

三、班组长的沟通技巧

班组管理其实并没有那么复杂，只要与员工保持良好的沟通，让员工参与进来，自下而上，而不是自上而下，在企业内部形成良好的机制，就可实现真正的管理。只要大家目标一致，群策群力，众志成城，企业所有的目标都会实现。松下幸之助曾说："企业管理过去是沟通，现在是沟通，未来还是沟通。"

那么，如何使沟通更顺畅呢？

其一，让班组成员意识到沟通的重要性。沟通是管理的最高境界，许多企业管理生产问题多是由于沟通不畅引起的。良好的沟通可以使人际关系和谐，顺利完成工作任务，达成绩效目标。沟通不良则会导致生产力、品质与服务不佳，使得成本增加。

其二，在班组内建立良性的沟通机制。沟通的实现依赖于良好的机制，包括正式渠道、非正式渠道。

其三，从"头"开始抓沟通。班组长以身作则在班组内部构建起"开放的、分享的"企业文化。

其四，以良好的心态与员工沟通。与员工沟通必须把自己放在与员工同等的位置上，"开诚布公""推心置腹""设身处地"，否则当大家位置不同就会产生心理障碍，致使沟通不成功。沟通应抱有"五心"，即尊重的心、合作的心、服务的心、赏识的心、分享的心，才能使沟通效果更佳。

（一）沟通技巧

1. 赞美与表扬

这几乎是一个屡试不爽的特效沟通润滑剂。这个世界上的人，没有人会拒绝表扬的，学会赞美，你将会在任何沟通中一帆风顺。即使给领导提意见，也要先表扬后批评。领导与员工一样都是人，员工需要激励，领导同样需要激励。

2. 构建同理心

即设计一个对现实有借鉴意义的场景，进行情景教育。例如，燕昭王千金买死马，为了表达一个信息：死马尚值千金，况活马乎；赵高于秦庭指鹿为马，给人的信息是：意志不可违抗。项目管理培训中设计的很多课堂游戏，用意都在于用一个显而易见的事实去启发人的思路。

3. 幽默创造奇迹

既是通向和谐对话的台阶和跳板，又是化解冲突、窘境、恶意挑衅的灵丹妙药，幽默可以创造奇迹，使不可能的事情成为可能。

4. 求同存异

又被称为最大公约数战术。人们只有找到共同之处，才能解决冲突。两口子吵架，最后会因一句话——"为了孩子"而相拥和解；两个员工争执不休，最后会因一句话——"都是为了工作"而握手言和。有了共性，就有了建立沟通桥梁的支点。

5. 信息传递简单易懂

这是提高沟通效率的捷径。能够用很通俗的语言阐明一个很复杂深奥的道理是一种本事，是真正的高手。张瑞敏把项目管理比作擦桌子，柳传志把组织的功能比作瞎子背瘸子。大师的语言，最大的特点就是生动浅显，容易解码因而容易理解。

（二）与上级的沟通要点

大多数班组长在与上级沟通时，总是战战兢兢、如履薄冰。其实，在与不同性格类型、处事风格的上级沟通时，班组长应该学会以下方法和技巧，促使自己与上级的沟通顺畅、轻松。

1. 合适的时间和地点

上级需要处理的事情很多，不是什么时候都有耐心听取工作汇报，所以，挑选合适的时间和场合是很重要的。平常要多细心观察上级的工作状态和情绪，选对时间和场合能达到事半功倍的效果。

2. 工装和精神面貌

在与上级沟通之前，要先检查自己的工装和精神面貌。如果工装很随意甚至很破旧，都可能引起上级的反感，影响沟通效果；同时要注意精神饱满，向上级展现出自己充满干劲的样子，而不是消极颓废。

3. 以上级视角看问题

在与上级沟通时，要学会站在上级或企业的立场和角度考虑问题，结合上级的工作方向提出自己的问题，陈述自己的观点。让上级知道自己是站在同一立场上的，赢得上级信任，有助于沟通目的的达成。

4. 及时反馈工作信息

及时向领导汇报工作，让领导了解你的工作想法和工作计划以及进展情况，取得领导的支持，并了解领导的想法。

5. 工作到位不越位

服从领导的决定和安排，严格执行领导下达的工作指令，不推诿责任、不逃避困难。遇到困难、问题、不清楚之处或者需要领导提供资源支持时，要坦诚提出，不要隐瞒事实。对领导的工作有意见或建议时，择机提出完善的打算或计划，提供可靠数据和备选方案，以便于领导决策，绝不能越位代替领导决策。

6. 虚心接受批评

对领导的批评，班组长要虚心听取，不要在大庭广众下顶嘴、辩解，更不要当众对抗、抱怨。如果领导不清楚事情真相，要在事情和情绪平复过后，择机再找领导进行解释说明。

（三）与同级的沟通要点

1. 了解

沟通前，要先了解对方是一个什么样的人，包括性格特征、兴趣爱好、工作风格等。如果是不同部门的班组长，还要了解其部门的运作情况、工作目标以及如何配合等。沟通时处在一种非常主动和自如的状态下，会有利于问题的解决。

2. 尊重

互相尊重是人与人之间最基本的礼节。沟通时要做到“五不”：不自吹自擂、不骄傲自满、不讲对方坏话、不先入为主、不持门户之见。多听听对方意见，并让对方了解自己。关心并珍惜合作关系，对观念上的差异不强求对方认可，求大同存小异。

3. 信任

相互信任是合作的基础，只有做到相互信任，沟通才能顺利展开，工作才能顺利进行。要充分信任对方的人品和能力，不怀疑对方的诚意和智慧，这样双方才能获得认同感。

4. 真诚

多站在对方的角度考虑问题，以解决问题为前提，牢记双赢的理念，真诚合作。不斤斤计较，多审视自己的不足，多看对方的长处，宽以待人，营造信任、友好的氛围。

（四）与下级的沟通要点

班组长工作在基层，打交道最多的还是班组成员。班组长与班组成员沟通的成功与否直接影响到班组工作指标的完成。要想成为成功的班组管理者，就必须学习与下级员工的沟通技巧。

1. 倾听

对于处在一线的班组成员来说，由于其文化水平和综合素质的层次不尽相同，在与其沟通时，要认真倾听，从而更好地理解员工的想法，体会员工的处境，帮助员工解决问题。

2. 反馈

在与班组成员的沟通过程中，要做到双向沟通、有效反馈。将自己的意见或建议明确、具体地表达出来的同时，要及时获知下级对信息的接受情况，避免员工误解或对意见理解得不准确。

3. 尊重

尊重下级个人习惯，少用命令口吻。先放下“架子”，在不触犯自己底线情况下适当妥协,不可傲慢自负。要有适宜的言行举止,不苛求、不偏袒、不恼怒。

四、班组人员管理问题实践 20 问

1. 如何处理班组内下属之间的冲突

① 不要对下属之间的矛盾视而不见。

② 不要责怪他们自己未能妥善处理。

③ 不要在矛盾的一方,讲另一方对其的看法,以免把他们之间的关系推向僵化。像“他又说你……你又说他……”之类的话,一定不能对任何一方说。

④ 在调解的过程中,尽可能以平静的心态对待。让他们诉说完各自的观点,客观分析他们的问题,指出其错误的观点和行为。对已经影响到了工作的极端行为必须提出严厉批评,并说明后果的严重性。

⑤ 对无法调解的,应做出组织上的调整,将其一调离。

2. 如何在自己休假时安排班组内工作

把手上的工作(项目、进展情况)整理成清单,交给领导,并向领导详细说明自己的想法和安排,重要事项更要特别提醒,并征询领导的意见。结合领导的意见进行具体工作安排,并指定负责人,以保证工作进度。留下自己详细的联络方式,万一工作有异常,能够及时找到自己。

3. 如何处理与领导意见的不一致

如果两种方案的目的和结果是一样的,不妨将自己的构想融入到领导的方案中,做到取长补短,互通有无;如果是领导的想法和方案错了,那么给领导提个醒,让领导认识到自己方案的不足。

当与领导意见相左时,应该进行一定的沟通。如果通过沟通让领导的想法与自己的一致,这样最好;如果无法一致,那么作为下属应该无条件执行领导的命令,因为领导站得更高,承担的责任更大,很多考虑也许我们不是很明白。

4. 如何将员工的意见向领导反映

班组长是上下级沟通的桥梁,做到“下情上达”“上令下行”是很重要的工作。向领导反映员工的意见前应该将事项整理一遍,以书面报告的形式更好。重要的是不可就事论事,应该附上自己的看法和建议,因为领导工作比较忙,面对的人员比较广,如果根据你的意见作决策,时间上会更快,也可以防止遗漏。

另外,作为一个管理人员,仅仅以一个“传声筒”的身份工作是远不够的。对员工提出的意见和看法,如果自己能够解决、澄清的,可以当场处理,事后再向领导报告。不要把所有的事情都原封不动搬给领导处理,增加领导的负担。

5. 如何向员工传达执行上层的决议

向员工传达执行上面的精神和决议是属于“上令下行”范畴的工作。做好这项

工作有几个要点：

① 充分理解上级决议的目的、要求和执行方法。

② 开展工作进度跟踪是必要的。工作安排以后，执行情况如何、碰到什么问题、该如何解决等，都需要班组长一项项去确认和解决。

③ 做好向员工的疏通、解释工作。企业的决议可能让大家不舒服，闹情绪是难免的，但是，作为管理人员不应该把自己的情绪表现出来，火上浇油。要针对决议的内容耐心向员工说服解释，安抚人心，保证生产任务的正常进行。在这一点上，应该站在企业的立场上。

④ 及时地沟通反馈。上级的决议下达后，应该将执行过程、结果即时反馈。对于一些反响比较大、可能造成严重后果的事项，更要及时报告，寻求有效的对策。

6. 如何对待员工的越级报告

被领导问起某事时，自己一无所知，这种尴尬相信很多管理者都碰到了。因为很多员工处于各种原因和目的，经常将工作越级报告，使直接领导为难。如果要杜绝这种现象，以下几方面必不可少：

① 与领导达成共识，对一些别有用心的越级报告予以抵制。这是最根本的一点，如果自己的领导喜欢越级报告的员工，那么这种风气就会愈演愈烈。但如何让领导高兴地接受这种观点，是一件很费神的事情。

② 通过晨会等形式宣传教育，明确工作报告的途径。

③ 与个别喜欢越级报告的员工开诚布公倾谈，提出自己的意见和看法，使员工明白自己的立场和感受。

7. 如何对待爱打小报告的下属

爱打小报告的员工不多，班组里也就一两个而已。对这类员工我们要谨慎对待，有时候，员工的报告能够提供很多我们不曾掌握的信息；有时候，小报告会造成整个班组人际关系的紧张。处理要点如下：

① 以冷处理为主，即以不冷不热的态度对待该员工，让其最终明白领导的立场和想法，逐渐改掉爱打小报告的毛病。

② 适当调整自己的管理理念和风格，慎重处理所收集的信息，在班组内创造融洽的工作气氛，减少彼此的对立和摩擦。

③ 适当利用该员工喜欢传播的性格，以小道消息的方式传播一些信息，为正式方案的出台预演和过渡。

8. 如何处理员工的抱怨

当员工认为他受到了不公正的待遇时，就会产生抱怨情绪，这种情绪有助于缓解心中的不快。抱怨是一种最常见、破坏性最小的发泄形式。处理得不好的话，可能会出现降低工作效率等情况，有时甚至会出现拒绝执行工作任务、破坏企业财产等过激行为，管理者一定要认真对待。

处理员工的抱怨时要注意以下几点：

① 耐心倾听抱怨。抱怨无非是一种发泄，当你发现你的下属在抱怨时，你可以找一个单独的环境，让他无所顾忌地进行抱怨，你所需要做的就是认真倾听。只要你能让他在你面前抱怨，你的工作就成功了一半，因为你已经获得了他的信任。

② 尽量了解起因。任何抱怨都有起因，除了从抱怨者口中了解事件的原委以外，管理者还应该听听其他员工的意见。在事情没有完全了解清楚之前，管理者不应该发表任何言论，过早地表态可能会使事情变得更糟。

③ 有效疏通。对于抱怨，可以通过与抱怨者平等沟通来解决。管理者首先要认真听取抱怨者的抱怨和意见，其次对抱怨者提出的问题做认真、耐心地解答，并且对员工不合理的抱怨进行友善的批评。这样做就基本可以解决问题。

④ 处理果断。因为抱怨具有传染性，所以要及时采取措施，尽量做到公正严明处理，防止负面影响进一步扩大。

9. 如何对待不服自己的员工

员工不服气多发生在班组长刚刚被提拔上来时，当员工认为自己或某位同事更有资格晋升的时候，他的表现往往是不服气，或者出一些难题为难这个刚刚上任的领导。发生这种现象时，有的班组长新官上任三把火，往往会以权力去“镇压”不服，造成上下级关系极度紧张，最终使工作难以展开。

出现这种现象时，管理者需要有三种心理准备：自信、大度、区别对待。因为管理经验不足，错误难免，但是一定要坚信自己最终能够做好这项工作，有自信的管理者，人们才会信服。对于不服自己的员工，要大度，就事论事，不要打击报复，这样才会渐渐使员工的心安定下来。在管理的策略方面，有不服自己的人，就肯定有服自己的人，对这部分人员要先发动起来，开展正常的工作。人都有从众的心理，见有的人动起来了，又迫于“饭碗”的压力，自然就投入工作中了。

10. 如何处理吊儿郎当的员工

大家可能都有这种经历，即有的员工不会犯什么大错误，但是吊儿郎当，时不时唱唱反调，让人很不舒服，对这样的员工怎么办呢？

对于这样的员工，有一定的底线，即只要不会影响工作的最终成果，就什么措施也不需要采取。管理者的任务是要求完成工作，管理员工只是完成工作的手段而已。企业毕竟不是军营，员工的活泼个性对活跃整个集体的气氛是很有好处的。

另外，员工如果表现得吊儿郎当，也表明他希望得到人们的重视和关注，对他们取得的成绩要予以肯定，与之相处时一定要平等和诚恳。对于企业组织的一些文化娱乐活动，不妨发动这类员工积极参与，相信一定会取得让你喜出望外的成绩。

11. 如何处分违纪员工

一般都会尽量避免采取纪律处分,因为这样对大家来说都是很不愉快的事情。但是,无论是哪一个管理者,在工作上总会遇上员工纪律处分的问题。有时候,尽管你已经多次与员工讨论他的工作表现或习惯,但他仍然没有改善,甚至变本加厉。这时,只好采取纪律处分,希望通过这种负激励的方法来解决问题。

纪律处分的目的在于解决问题或提高工作水平,而不是惩罚员工,或把员工解雇。纪律处分有以下原则要把握:

① 态度坚决。就是需要采取纪律处分时,你不会为了方便工作或偏袒员工而避免采取纪律处分。做出处分决定后,要对员工清楚解释为什么有这样的处分,也要说明如果问题不解决,将会有什么后果。

② 公正公平。应一视同仁,对每个人都引用同样的规则采取同样的行动;所给的处分要适当,不应该太严厉或太宽容。

③ 治病救人。在必须采取适当的纪律处分时,除做到坚决、公正外,也应该对员工表示信心及支持。

12. 如何管理技术员工

技术员工是具有一定技能的少数群体,所以工作上对其有一定的依赖性。工作既需要发挥他们的创造性及独立思考能力,同时又需要用一定的纪律约束他们,管理上有一定的难度。以下这几个方面要特别注意:

① 管理者不可摆架子。技术员工具有独立的思考能力,有自己的价值观和抱负,他们往往和管理者一样对很多事情有深刻的认识。管理者应该放下自己的架子,与员工平等共处。

② 吸纳员工的建议。技术员工对工作的开展往往有很多自己的建议,而这些建议一般又和他们的抱怨混淆在一起。管理者必须静下心来,仔细分析这些“酸溜溜”或者带“刺”的看法。你会发现,在某些问题上,他们可能比你更有见地。把员工当成自己的志同道合的合作者,会更有利于工作的开展。

③ 讨论和命令并重。技术员工不太喜欢被别人命令,而喜欢根据自己的意愿去做事。但当大家在一起讨论而达不成一致意见时,就需要进行决策,并采用命令方式强制执行。

④ 敢于批评。不必担心技术员工害怕批评,因为技术员工对待批评可能更加理智和客观。管理者只要批评得有理有据,把员工说服,员工往往不但不会生气,还可能会佩服你的管理才能。

13. 如何培养接班人

接班人是自己将来的替代者,出于自我保护的本能,很多班组长都不欢迎这样的人，一句话，就是能防则防、能躲则躲。管理人员如果要成长，则首先应该放弃这种害怕的心态，因为如果没有接班人来接替自己的工作，自己就很难升到更重要的工作岗位上，而且下属的成长在某个程度上也能促进自己的成长。那么，如何培养接班人呢?

① 根据其能力和知识结构安排较有挑战性的工作，提高其工作能力。

② 采用值日或委托的方法，让其主持部分晨会和管理工作，提高管理水平。

③ 让其了解工作的全盘计划，听取其意见和看法，提高其参与管理的积极性。

④ 经常让接班人参与成果发表会议等，并在适当场合向领导或同事夸赞其工作能力及工作成绩，引起上级的重视注意。

14. 如何面对下属辞职

面对员工的辞职，管理人员难免觉得尴尬。员工辞职的原因有很多，有的是因为干得不好，自己想走；有的是因为觉得受了不公平的待遇，心里不平衡；有的是因为觉得工资待遇不合意，想寻求更好的机会，等等。

如果你决定要挽留该员工，那么了解其真正的辞工原因是必要的，很少有员工告诉你辞工的真正原因(如失恋、找到更好工作等)，一般的理由都是身体状况、结婚、想家、上学等。你需要判断其真假，通过不同途径寻求原因，并有针对性地采取相应措施挽留，否则他们还是会悄然离去，给双方留下遗憾。

但是，不管最终是否能留住员工，都要进行开诚布公的沟通，提出彼此的意见、看法和要求，有利于双方今后的改善。最后，不要忘记向员工提出希望，要求其做好工作交接，站好最后一班岗。

15. 如何与员工保持相应的关系度

有的班组长与员工亲密无间，称兄道弟。这样好不好呢? 不好，因为距离太近了，常常令员工产生一些错觉，觉得关系好，规章制度不会执行得那么严，往往会去挑战它。而另外的员工因为觉得你和其他员工的关系紧密，你所做的一切安排和评价都是偏心和不公正的，慢慢会失去对你的信任。

如果管理者与员工的距离很远，平时也不沟通，那么员工对管理者会很敬畏，工作虽然能够执行下去，但是要让员工积极主动在工作中发挥自己的创意，几乎没有可能，整个组织也死气沉沉，没有生机。

所以，管理人员与员工的关系就好像两个刺猬的关系，靠得太近会彼此伤害，靠得太远又感到寒冷。应该建立明确的工作关系，把握好分寸。

16. 如何安慰失意的员工

人生中，谁都难免有不如意。年轻的我们，遇到的不如意事有很多，如病患、感情波折、家庭矛盾、被人误解等。失意使我们萎靡不振，工作效率低下，甚至失去理智。

员工的失意情绪，是扰乱工作的消极因素，摆脱它需要一个重新调整自我、重树信心的过程。作为管理人员一定要毫不犹豫地伸出援手，安慰并帮助员工度过人生艰难的时期。安慰员工的基本方法：

① 创造条件，帮助员工恢复其原来的正常生活。

② 尽力帮助员工及其家人到企业外部去寻求帮助，让员工重获心理平衡并提高工作效率。

③ 给予员工时间和自由，让时间抚平他们的创伤，使员工从痛苦中振作起来。

17. 如何与无法沟通的同事相处

无法沟通的原因有两种：一是这位员工对你有看法或过节，通过不配合来表达自己的情绪；二是这位同事太个性化，不愿意与同事合作。如果是属于前者，那么需要时间来消除彼此间的不快，尽量做到容忍和让步，针锋相对只会让矛盾更加尖锐。如果属于后者就难办一些，因为这类员工多我行我素，能成为朋友的话相对好一些。不管我们怎样容忍和让步，也不能为取悦某人而失去原则，一个没有原则的管理者，更得不到人们的尊重。

18. 如何开展自我能力提升行动

现在我们处于一个竞争激烈的信息社会，有句话说得很好，“现代的文盲，不是不识字的人，而是不懂得继续学习的人”。我们的工作能力及经验除了在工作中不断得到提升之外，业余时间的自我学习也非常重要。因为现在的知识更新换代的速度太快了，在学校的知识，可能还没有迈出校门就过时了。不过值得庆幸的是，如今学习渠道越来越多了，尤其是线上有很多不错的课程，还有函授、电大、夜大、自学考试等，都是不错的选择。

每月读一本好书，每年学一门技术，让我们与时共进，不断学习吧。

19. 如何理解跳槽和对企业的“忠诚”问题

有的企业认为跳槽次数多的员工创造力、能力、经验都会大大增加，所以喜欢聘用跳槽次数多的员工。但是，绝大多数制造型企业对跳槽的员工都有一个不成文的底线：工作六年跳槽次数不超过三次。当跳槽次数较多的员工求职时，企业难免会对你的稳定性、成熟度产生怀疑，求职的成功率当然大打折扣。

制造业是个相对稳定的行业，人员进入后一年左右才能融入，第二年才会有工作贡献。如果企业辛辛苦苦培养了你，转眼你就飞走了，那么最终所有的企业都不愿意去培养人才。

从另一个角度看，一个不能安于本职工作、经常跳来跳去的人，他只懂得一些表面和皮毛，业务水平也就得不到提高，时间越长，就越容易落后，跳来跳去让他损失了时间、金钱，也丧失了竞争的优势。

20. 如果自己离职需要做些什么

辞职或许是企业的原因，也有可能是自身的原因，但不管你辞职的原因怎样，你都要把心中的不满和怨气收起来,认真做好每一天的工作。

当辞职被批准时,对承担的工作要做好盘点总结,重要的项目及物品要做好清单进行交接。时间允许的话,应手把手教会接替者。

另外,对领导的关心和指导以及同事的协调帮助要致以谢意,并创造一个友好融洽的环境让接替者和团队成员之间互相了解适应,这是特别重要的,直接影响今后整个团队的工作的展开。除了微笑与怀念,什么也不要留下;除了感激和信念,什么也不要带走。

参 考 文 献

[1] 大数据时代下高校信息化建设现状分析及建议[J]. 电子技术与软件工程，2017(19)：220-220.

[2] 杨辉. 浅议我国信息标准体系的完善[J]. 信息化建设，2008(9)：29-31.

[3] 聂云楚. 如何推进 5S[M]. 深圳：海天出版社，2001.

[4] 聂兴信. 企业安全生产管理指导手册[M]. 北京：中国工人出版社，2010.

[5] 王振宇. 浅析智能制造在两化融合下发展趋势[J]. 中国机械，2015(6)：73-74.

[6] 安红昌. 现代班组安全管理实务[M]. 北京：红旗出版社，2010.

[7] 广西壮族自治区革命委员会政治工作组. 工业基础知识[M]. 南宁：广西人民出版社，1969.

[8] 钟必信. 人工智能：概念 · 方法 · 机遇[J]. 科学通报，2017，62(22)：2473-2479.

[9] 德国联邦教育研究部. 德国工业 4.0 实施建议：中文版[Z]. 2013.

[10] 克劳斯 · 施瓦布. 第四次工业革命[M]. 北京：中信出版社，2016.

[11] 周珺华，张斌. 现代班组成本控制与信息管理实务[M]. 北京：红旗出版社，2010.

[12] 史蒂芬 · 柯维. 高效能人士的七个习惯[M]. 北京：中国青年出版社，2008.

[13] 马丽娜. 浅析“互联网+”的应用与发展[J]. 商情，2016(48)：94.

[14] 陈明，梁乃明，等. 智能制造之路：数字化工厂[M]. 北京：机械工业出版社，2016.

[15] 江广营，杨金霞. 班组建设七项实务[M]. 北京：北京大学出版社，2009.